物理常数测定技术项目化教程

冉　俊　陈仲祥　主编

清华大学出版社
北　京

内容简介

本书共分9个常用生产实用任务,分别介绍熔点、沸点及沸程、密度、折射率、比旋光度、流体黏度、油品闪点、凝点、结晶点等物理常数的测定方法,旨在提高学生的实验技能和科学素养。每个任务中设有任务描述、任务目标、知识准备、情境模拟、任务实施、任务工单、任务评价、知识窗、小贴士、知识拓展等栏目,以实践性教学内容为主,加以与之有关的必要、够用的理论和知识补充,拓宽学生视野、加深对内容的理解,适当融入与行业企业相关的新知识、新设备、新工艺等内容,突出实用性与时代性。

本书可作为职业院校分析检验技术专业的必修课教材,也可作为环境监测、食品药品检验等从事分析与检验工作的人员的培训教材或参考书。

图书在版编目(CIP)数据

物理常数测定技术项目化教程/冉俊,陈仲祥主编. —北京:清华大学出版社,2024.4
ISBN 978-7-302-65440-7

Ⅰ.①物… Ⅱ.①冉… ②陈… Ⅲ.①物理常数—测量技术—教材 Ⅳ.①O346.1

中国国家版本馆CIP数据核字(2024)第043603号

责任编辑: 杜 晓
封面设计: 东方人华设计部
责任校对: 袁 芳
责任印制: 宋 林

出版发行: 清华大学出版社
网 址: https://www.tup.com.cn,https://www.wqxuetang.com
地 址: 北京清华大学学研大厦A座 **邮 编:** 100084
社 总 机: 010-83470000 **邮 购:** 010-62786544
投稿与读者服务: 010-62776969,c-service@tup.tsinghua.edu.cn
质量反馈: 010-62772015,zhiliang@tup.tsinghua.edu.cn
课件下载: https://www.tup.com.cn,010-83470410
印 装 者: 三河市龙大印装有限公司
经 销: 全国新华书店
开 本: 185mm×260mm **印 张:** 6 **字 数:** 142千字
版 次: 2024年5月第1版 **印 次:** 2024年5月第1次印刷
定 价: 39.00元

产品编号:103540-01

前　言

为认真贯彻落实党的二十大精神对教材建设所做出的新部署、新要求，重庆市工业学校环境工程系集校内优势资源协同重庆工信职业学院和重庆中标环保集团有限公司，联合编写了本书。本书遵循新时代教材建设规律，聚焦化工行业发展和检验岗位需求，突出应用导向。编者秉承"以学生为本、以实践为基础、以创新为动力"的原则，注重理论与实践相结合，注重知识与能力的培养，注重学生的主体地位和自主学习能力的培养。同时，编者还注重教材的更新和创新，紧跟时代发展，反映最新的科技和社会变革，为学生提供更加丰富、全面、实用的知识和技能。

"物理常数测定技术"是职业院校分析检验技术专业的一门核心课程。本书是以分析检验技术专业人才培养方案中涉及的"物理常数测定技术"课程标准为依据，以分析检验相关工作任务和岗位职业能力为指导，以任务为驱动的课程设计思路为原则，根据化工行业生产实际和职业院校学生特点，结合学情和教学实际编写的。

本书在编写形式和内容上进行了大胆创新。每个任务都尽可能融入日常生活和工作实例，引导学生思考，激发学生的学习兴趣；同时将思政元素润物细无声地融入教学内容中；本书中使用了适量的图片，将抽象难懂的内容、重点内容、重点环节做成动画、微课、视频，使学生学习起来更直观、形象、易懂；在知识拓展和知识窗模块介绍了与所学内容相关的新知识、新技术，体现出本书的实用性和前瞻性。

本书由重庆市工业学校冉俊、重庆工信职业学院陈仲祥担任主编，重庆市工业学校陈雅娟、重庆中标环保集团有限公司赵永成担任主审。全书由9个任务组成，任务一、任务二由冉俊编写；任务三、任务六由陈仲祥编写；任务四由衡思宇编写；任务五由赵慧编写；任务七由江孟莲编写；任务八由王真龙编写；任务九由杜俊谕编写。全书由冉俊统稿。

本书的出版和编写得到了清华大学出版社、重庆工信职业学院、重庆市医药卫生学校、重庆市城市建设高级技工学校、重庆中标环保集团有限公司、重庆中质环环境监测中心的大力支持，在此谨向所有关心和支持本书的朋友表示衷心的感谢。

由于编者水平有限，书中难免有疏漏和不妥之处，恳请同行与读者批评、指正。最后，我们希望通过本书的呈现，能为广大学生和老师提供一份有益的教育资源，为培养新时代工匠作出我们应有的贡献。

编　者
2024年1月

目　录

任务一　熔点的测定

【任务描述】

在生活中，我们经常听到"熔点"这个词，并且熔点在外界一定条件影响下会发生变化。在自然界中，大多数纯的化合物拥有比较固定的熔点，可以通过测定化合物的熔点进行物质的鉴别。因此，在本任务中，我们将一起来学习有关熔点的知识，以及常见物质熔点的测定原理和方法。

【任务目标】

知识目标

- 掌握熔点的定义及测定意义；
- 学会目视毛细管熔点测定法。

技能目标

- 掌握熔点测定的原理和操作方法；
- 能准确测定化合物的熔点并规范、准确撰写检测报告；
- 了解新型熔点测定的方法。

素质目标

- 培养职业技能及崇尚科学、精益求精的精神；
- 培养科学严谨、实事求是的工作态度；
- 培养健康、安全、环保意识。

知识准备

一、熔点的定义

将固体物质加热到从固态转变为液态时的温度(固液两相在101.325kPa下平衡共存时的温度)即为该物质的熔点。严格地说，熔点是固液两态在标准大气压下处于平衡时的温度。熔点是化合物的重要物理常数之一。纯净的固体化合物一般都有固定的熔点，且熔程(固体刚刚开始熔化到全部熔化时的温度差称为熔点距，也称为熔点范围或熔程)不超过1℃。若含有杂质，则其熔点往往较纯物质低，且熔程也较大。因此可以通过测定熔点来鉴定有机化合物，并根据熔程来检验其纯度。

【知识窗】

根据拉乌尔定律，在一定压力和温度下，溶质的加入将导致溶剂的蒸气分压降低，因此当有杂质存在时，有机化合物的熔点比纯物质的熔点低是普遍情况。但在能形成新的化合物或固溶体时，两种熔点相同的不同物质混合后熔点会升高。

少数易分解的有机化合物尽管很纯，但也没有固定熔点。它们在未到达熔点之前已经分解，此时有颜色变化或气体产生，这类化合物的熔点实际上就是它们的分解点。

【知识窗】

同系物中，熔点随相对分子质量的增大而增高。但是，有以下几种情况应该注意。

(1) 在含多元极性官能团的同系列化合物中，—CH_2—基增多，熔点反而相对降低。这是由于极性基团之间有较强的作用力，引入—CH_2—原子团后，虽然相对分子质量增大，但是减弱了这种作用力。

(2) 随着碳链的增长，特性官能团的影响效应逐渐减弱，所以同系列中高级成员的熔点趋近于同一极限。

(3) 有些同系列，如二元脂肪族羧酸、二酰胺、二羟醇、烃基代丙二酸及酯等类化合物，随着相对分子质量的增大，熔点有交替上升的现象。一般含偶数碳原子的，熔点上升较高；含奇数碳原子的，熔点上升较低。

分子中引入能形成氢键的官能团后，熔点也会升高，形成氢键的机会越多，熔点越高。所以羧酸、醇、胺等总是比其母体烃的熔点高。

分子结构越对称，越有利于排成有规则的晶格，从而有更大的晶格力，所以熔点越高。

二、熔点测定的意义

熔点是晶体物质的重要物理常数之一。晶体物质又分为晶体有机物和晶体无机物。根据样品性质可分为不带结晶水的、带结晶水的、易升华的晶体物质；根据稳定性又可分为在空气中稳定的晶体物质与不稳定的晶体物质两种。通过测定化合物的熔点，可以定性检验化合物，了解其分子结构的特征，也可以初步判断化合物的纯度。

【知识窗】

地球上什么物质的熔点最高呢？经科学家们研究发现，单质中熔点最高的金属是钨，达到 3410℃；熔点最高的非金属是碳（石墨，金刚石略低，3550℃），达到 3850℃；铪合金(Ta4HfC5)是已知熔点最高的物质(约 4215℃)，这种物质的熔点高达 4215℃。

20% HfC 和 80%TaC 合金是已知物质中熔点最高的，达到 4400℃，1 份碳化铪和 4 份碳化钽的混合物，其熔点高达 4215℃，这种材料常用作喷气发动机和导弹上的结构材料。

那么，什么物质的熔点最低呢？人们发现汞是熔点最低的金属，为－39.3℃。其实每一周期都是稀有气体单质的熔点最低，常见的物质中气体的熔点比较低，固态氦的熔点达到了－272℃，这个温度已经接近宇宙中温度的下限，即绝对零度－273℃了。

三、熔点的测定原理

以加热的方式，使熔点管中的样品从低于其初熔时的温度逐渐升温至其终熔时的温度，通过目视观察毛细管中试样的熔化情况，试样出现明显的局部液化现象时的温度为初熔点，试样全部熔化时的温度为终熔点。以初、终熔温度确定样品的熔点范围。

四、熔点的测定方法

（一）目视毛细管熔点测定法

目视毛细管熔点测定法是最常用的基本方法，适用于结晶或粉末状的有

微课：熔点管安装位置讲解

机物熔点的测定。它具有操作方便、装置简单的特点，因此目前实验室中仍然广泛应用这种方法。

实验室常用的目视毛细管熔点测定法测定装置有多种，常见的是提勒管（又称 b 形管）式和双浴式（图 1-1）。

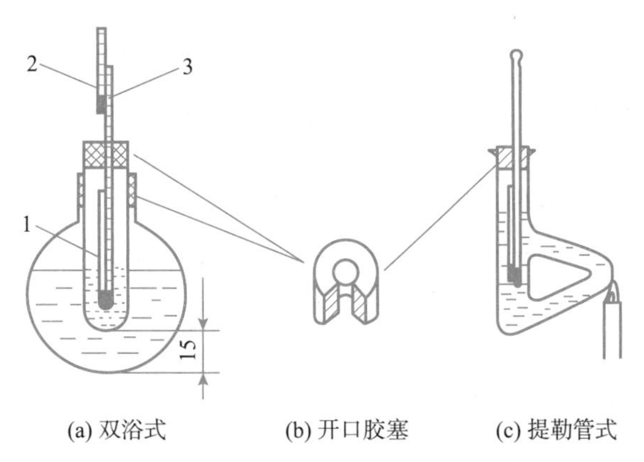

图 1-1　目视毛细管熔点测定法测定装置

1—毛细管；2—测量温度计；3—辅助温度计

提勒管式热浴：提勒管的支管有利于载热体受热时在支管内产生对流循环，使得整个管内的载热体能保持相当均匀的温度分布。

双浴式热浴：采用双载热体加热，具有加热均匀、容易控制加热速度的优点，是目前一般实验室测定熔点常用的装置。

1. 仪器与试剂清单

仪器与试剂清单如表 1-1 所示。

表 1-1　仪器与试剂清单

名　　称	规格	名　　称	规格
圆底烧瓶（250mL）	1 只	酒精灯	1 个
精密温度计（100～150℃，分度值 0.1℃）	1 支	玻璃钉	1 根
辅助温度计（0～100℃）		尿素（AR，m. p. ＝ 135℃）	少量
试管（口径 30mm，长度 100mm）	1 支	苯甲酸（AR，m. p. ＝122. 4℃）	少量
熔点管	1 支	未知样	少量
表面皿	10 支	甘油或液体石蜡（cp）	约 170mL

2. 测定方法

（1）选取若干根内径 1mm、长 80mm 的薄壁毛细管，将其一端在酒精灯上封口，即为熔点管。

（2）取少量干燥样品用研钵研细，堆成一堆，将熔点管的开口端插入样品堆中，使样品挤入管内。然后把熔点管竖起来（封口端朝下），让熔点管从一根长约 40cm 的玻璃管中自由掉到表面皿上，利用这种自由落体运动的冲击力使样品落到底部，如此重复数次，使样品装得紧密，样品高度以 2～3mm 为宜。

(3) 在提勒管中加液体石蜡直至支管口之上，将装有样品的熔点管用小橡皮圈缚在温度计下端，样品一端必须靠近温度计水银球中部，如图 1-2 所示，然后将温度计插入液体石蜡中，提勒管装置中的温度计水银球应位于该管上、下两支管口的中部，如图 1-3 所示。将提勒管加热，受热的浴液在浴管内做上升运动，促使整个提勒管内的浴液呈对流循环，使温度较为均匀。开始时，加热升温速度可较快(4～6℃/min)。当温度与被测试样的熔点相差 10～15℃时，调整火焰使升温速度控制在 1～2℃/min，并注意观察试样的变化情况。升温速度是准确测定熔点的关键。记下样品开始塌落并有液相产生时(初熔)至固体全部熔化(全熔)的温度范围。熔点测定，至少有两次重复的数据，两次数据不应大于 0.3℃，否则应再测第三次。每次测定完后，应将传热液冷却至样品熔点 10℃以下，才能装入新的毛细管并开始操作。测定未知样品时，第一次可快速升温，大致确定熔点温度，其后两次再精确测定。

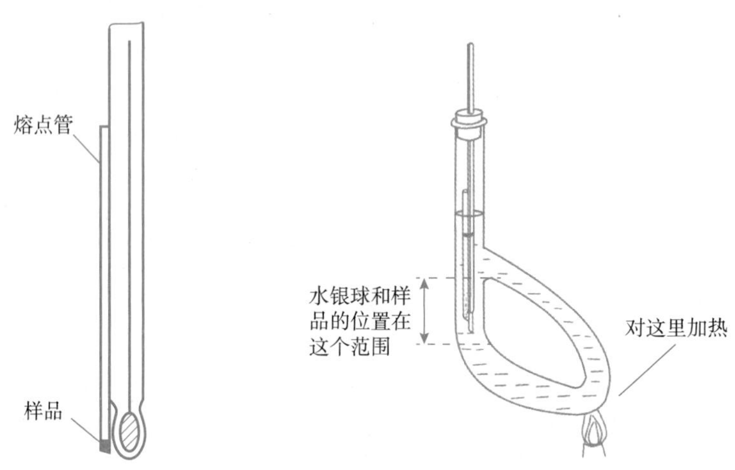

图 1-2 温度计上毛细管的位置

图 1-3 提勒熔点测定仪

(4) 测定完毕，必须等液体石蜡冷却至室温，才能把它倒回原来的试剂瓶。刚用完的温度计不可立即用冷水冲洗，最好用卫生纸擦去液体石蜡，冷却后再用水冲洗，以免温度计炸裂。对于对空气敏感或易升华的物质，应采用毛细管封管后再测定。

【知识窗】

应选用沸点高于被测物全熔温度，而且性能稳定、清澈透明、黏度小的液体作为载热体(传热体)。终熔温度在 150℃以下的可采用甘油或液体石蜡，终熔温度在 300℃以上的可采用硅油。常用的载热体如表 1-2 所示。

表 1-2 常用的载热体

载 热 体	使用温度范围/℃	载 热 体	使用温度范围/℃
液体石蜡	<230	甘油	<230
浓硫酸	<220	磷酸	<300
有机硅油	<350	固体石蜡	270～280
7 份浓硫酸和 3 份硫酸钾混合	220～320	熔融氯化锌	300～600
6 份浓硫酸和 4 份硫酸钾混合	<365		

（二）显微熔点仪测定法

目视毛细管熔点测定法的优点是仪器简单、操作方便，但不能观察到晶体在加热过程中晶形的变化情况。为了克服这些缺点，可以用显微熔点仪测定熔点。通过显微熔点仪的显微镜对样品进行观察，能清晰地看到样品在受热过程中的细微变化，如晶形的转变、结晶的萎缩、失水等现象，还可以测定微量样品或高熔点样品的熔点。

1. 测定原理

显微熔点仪是一个带有电热载物台的显微镜，如图 1-4 所示，利用可变电阻使电热装置的升温速率可随意调节，将校正的温度计插在侧面的孔内，测定熔点时，通过放大显微镜的倍数来观察。用这种仪器来测定熔点具有下列优点：能直接观察结晶在熔化前与熔化后的一些变化；测定时只需要几颗晶体，特别适用于微量分析；能看出晶体的升华、分解、脱水及由一种晶形转化为另一种晶形，能测出最低共熔点等。这种仪器也适用于熔融分析，即对物质的加热、熔化、冷却、固化及其与参考试样共熔时所发生的现象进行观察，根据观察结果来鉴定有机物，既可用目视毛细管法测定，又可用载玻片—盖玻片法（热台法）测定。但该仪器较复杂，一般工厂实验室还常用目视毛细管法测熔点。

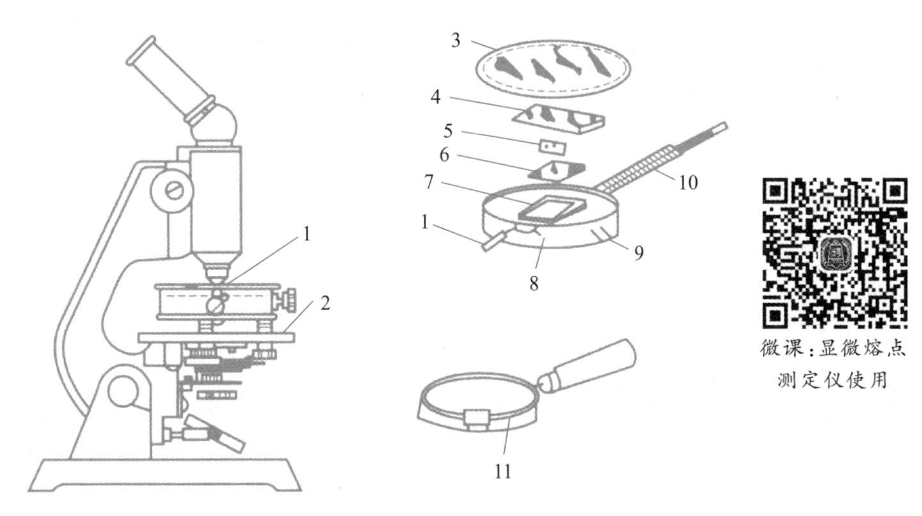

图 1-4　显微熔点仪

1—调节载玻片支持器的把手；2—显微镜台；3—有磨砂边的圆玻璃盖；4—桥玻璃；5—薄的覆片；6—载玻片；7—可移动的载玻片支持器；8—中间有小孔的加热器；9—与电阻连接的接头；10—温度计；11—冷却电热板的铝盖

2. 测定方法

取一块洁净的载玻片放于加热台上，把微量样品粉末平铺在载玻片上（不可堆积）。盖上盖玻片，移动载玻片使被测样品位于加热台中央的小孔上，盖上隔热玻璃，调整好焦距并使棱角分明的晶体处于视场内。快速将温度升至离样品熔点 30～40℃后，减缓升温速率，在距熔点约 10℃时，控制在 1℃/min 以下。当样品的晶体棱角开始变圆，即表示样品开始熔化，记下初熔温度，继续加热至晶体全部消失，表示样品完全熔化，再记下全熔温度。

（三）数字熔点仪测定法

数字熔点仪采用光电检测、液晶显示等技术，具有初熔、终熔自动显示等功能。温度系统应用了线性度高的铂电阻作为检测元件，提高了熔点测定的精度及可靠性。仪器的工作参数可自动存储，具有无须人工监视而自动测量的功能。常用的数字熔点仪有 WRS-1B 熔点仪、WRS-3 熔点仪、WRS-2a 熔点仪，如图 1-5 所示。

(a) WRS-1B熔点仪

(b) WRS-3熔点仪

(c) WRS-2a熔点仪

图 1-5　常用的数字熔点仪

1. 测定原理

物质在结晶状态时反射光线，在熔融状态时透射光线。因此，物质在熔化过程中随着温度的升高会产生透光度的跃变。图 1-6 所示为典型的熔化曲线（温度—透光度曲线）。数字熔点仪采用光电方式自动检测熔化曲线的变化。当温度达到初熔点和终熔点时，显示初熔温度和终熔温度，并保存至测下一样品。

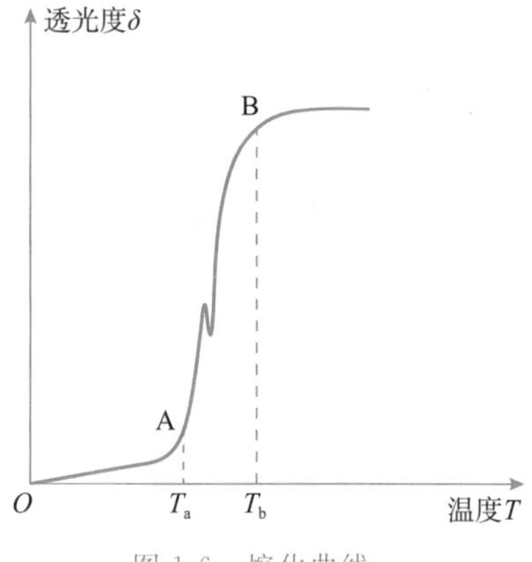

图 1-6　熔化曲线

2. 测定方法

下面以 WRS-1B 熔点仪为例介绍测定熔点的方法。

(1) 开启电源开关，等待 2～3s，屏幕显示“请输入预置温度(50℃)”，用“→”“←”“＋”“－”4 个功能键设置预置温度，设置完毕按“预置”键。

(2) 此时屏幕显示“请输入升温速率(1.0℃/min)”，用“＋”“－”两个功能键设置升温速率(测纯净物时设为 3℃/min，测混合物时设为 5℃/min)，设置完毕按“预置”键。

(3) 当屏幕显示上升到预置温度并稳定下来时，插入毛细管，按“升温”键，测试结束后屏幕自动显示初熔值和终熔值，记录熔点数据。

(4) 此时屏幕显示“是否重设参数”，使用“→”“←”两个功能键进行选择，然后按“↵”键重新进入刚开机时的状态。

(5) 实验结束，关闭电源开关。

3. 测定技术参数

WRS-1 系列熔点仪的主要技术参数如表 1-3 所示。

表 1-3　WRS-1 系列熔点仪的主要技术参数

序号	名　称	参　数
1	熔点测量范围	室温～320℃
2	“起始温度”设定时间	3～5min
3	“起始温度”设定示值误差	±0.1℃

续表

序号	名　称	参　数
4	温度数显最小示值	0.1℃
5	线性升温速率	0.2℃/min、0.5℃/min、1℃/min、1.5℃/min、2℃/min、3℃/min、4℃/min、5℃/min 八挡
6	线性升温速率误差	不大于设定值的 1%
7	测量示值误差	小于 200℃范围内：±0.5℃；200～320℃范围内：±0.8℃
8	重复性	升温速率为 0.2℃/min 时，0.2℃；升温速率为 1.0℃/min 时，0.3℃
9	标准毛细管尺寸	外径 ϕ1.4mm；内径 ϕ1.0mm
10	样品填装高度	3mm
11	电源	220×(1±10%)V，80W，50/60Hz

【知识窗】

全自动视频熔点仪运用机器视觉图像分析、数字温度显示等技术，精准识别初熔、终熔自动显示等功能，如图 1-7 所示。温度系统应用了线性校正的铂金电阻作为检测元件，让实验过程与结果更为高效、准确。全自动视频熔点仪可广泛应用于化学工业、医药研究中，是生产药物、香料、染料及测量其他有机晶体物质的必备仪器。

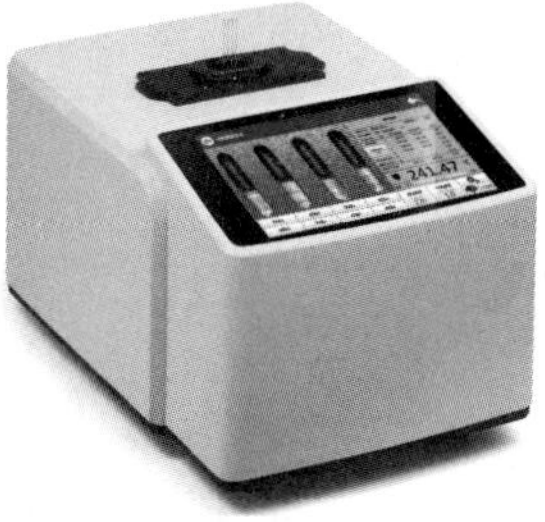

图 1-7　全自动视频熔点仪

全自动视频熔点仪有以下特点。

(1) 7in(1in≈2.54cm)高分辨率平板电脑屏，方便使用者使用。

(2) 一般是线性升温，满足各项升温选择。

(3) 4～6 支毛细管，高效准确，经济可靠。

(4) 冷却时间小于 7.5min，样品测试速度较快。

(5) 彩色显示屏实时显示测定样品的变化曲线。

(6) RS-232 接口+USB+以太网口，可选配 Wi-Fi，配套计算机软件，可外接计算机反控。

(7) 可创建 64 种预定义方法，授权使用，快速调用。

(8) 可存储详细实验数据达 500min，可扩容至 1000min。

(9) 独立的一体式设计，整机小巧，方便使用。

【小贴士】

(1) 测定用的毛细管内壁要清洁、干燥，否则测出的熔点会偏低，并使熔距变大。

(2) 在熔封毛细管时应注意不要将底部熔结太厚，但要密封。

(3) 装样前，试样一定要研细，装入的试样量不能过多，否则熔距会增大或结果偏高。试样一定要装紧，疏松会使测定结果偏低。

情景模拟

2022 年北京冬奥会在我国举办。这届冬奥会举办时“人工造雪”技术被西方国家封锁，我国只能依靠自主研发的造雪机铺设所有的雪场赛道。为了实现“人工造雪”技术的突破，2017年由中国科学院牵头，联手中国科学院西北生态环境资源研究院及中国科学院南京天文光学技术研究所共同组建起强大的“科研攻关联盟”。这支科研团队的工作条件极为艰苦，通常都在温度为−15～−5℃的户外工作，其中，作为主要科研场景的黑龙江的云顶滑雪公园，室外的温度更是达到−30℃。就在这样的环境下，他们每天的工作时间通常都不少于11h。最终突破了西方技术的封锁。最后，还要考虑如何“保温”，简单地说，就是让雪道能够坚持20多天，直到冬奥会比赛结束。为了提高雪道上冰雪的熔点，我国科研工作者还加入了研发的化学成分，让雪的熔点可以接近20℃，如此一来便能保证雪道在比赛过程中的安全性。

【知识窗】

融雪剂是一种可以降低冰雪熔点的化学品，以降低冰雪的融化温度来瓦解道路上残留的积雪(图1-8)，以便疏通道路。融雪剂最常见的成分就是醋酸钾和氯盐。所以一般的融雪剂也会以这两种不同的原材料进行分类。

图1-8　环卫工人正在利用融雪剂清理路面积雪

1. 有机融雪剂

有机融雪剂以醋酸钾作为主要成分，除有非常好的融雪效果外，它最主要的一个优点就是基本上没有什么太大的腐蚀性损害。因此，它可以用于对基础设施要求较高的场合，如机场或高尔夫球场这一类设施。

2. 氯盐融雪剂

顾名思义，氯盐融雪剂的主要成分为氯盐，如氯化钠、氯化钙、氯化镁、氯化钾等这一类融雪剂统称为化冰盐。一般我们在城市中常见的融雪剂就属于这种，用得最多的就是那种有杂质的氯盐，也就是我们平时所说的工业盐。

氯盐融雪剂的原理是利用了原材料的冰点在零度以下。由于盐水的凝固点比水的凝固点更低，所以当撒上融雪剂之后，雪水溶解了盐，就很难再变成冰块了。另外，溶解盐之后的水离子浓度会急速上升，这样水的液相蒸气压就会下降，但是冰的固态蒸气压并不会改变，为了达到冰水混合物固液蒸气压相等的状态，冰就只能融化。

氯盐融雪剂的优点是成本低，最致命的缺点就是残留物会造成大面积的绿化植物死亡，而进入地下之后又会对地下水源造成极其严重的污染。

任务实施

一、用目视毛细管法测定苯甲酸熔点

微课：目视毛细管熔点测定法

1. 实验用品

(1) 主要仪器：提勒管、温度计、试管、毛细管、电炉/酒精灯。

(2) 主要药品：载热体(如硅油、甘油等)、苯甲酸。

【知识窗】

苯甲酸是一种白色晶体，主要用于医药、化工、食品等行业，是食品的定香剂、防腐剂和抗微生物剂。我们日常生活中常见的碳酸饮料、蜜饯、葡萄酒、果酒、软糖、果酱、果汁饮料，以及日常饮食必备的酱油、食醋、低盐酱菜中，常常加入苯甲酸或其盐，以防止食品在短时间内变质。

2. 操作步骤

1) 粗测

用酒精灯或电炉加热，以约 5℃/min 的速度升温，观察毛细管中试样的熔化情况，从管内样品开始塌落[即有液相产生时(初熔)]至样品刚好全部变成澄清液体(终熔)记录试样完全熔化时的温度，作为试样的粗熔点。

样品开始萎缩(塌落)并非熔化开始的信号，实际的熔化开始于能看到第一滴液体时，记下此时的温度；再记下所有晶体完全消失呈透明液体时的温度，这两个温度即为该样品的熔点范围。

2) 精测

(1) 另取一支毛细管，按上述方法填装好试样，待热浴冷却至粗熔点下 20℃时，放于测定装置中。将辅助温度计附于内标式温度计上，使其水银球位于内标式温度计水银柱外露段的中部。

(2) 加热升温，使温度缓缓上升至低于粗熔点 10℃，控制升温速度为(1±0.1)℃/min，如果所测的是易分解或易脱水样品，则升温速率应保持在 3℃/min。试样出现明显的局部液化现象时的温度即为初熔温度，试样完全熔化时的温度即为终熔温度。记录初熔和终熔温度值。

3. 数据记录与处理

将测定数据与处理结果记录于表 1-4 中。

表 1-4　目视毛细管法测定苯甲酸样品的熔点数据记录与处理

样品名称		测定项目		测定方法	
测定时间		环境温度		小组成员	
测定次数		1		2	
观测值/℃		初熔	终熔	初熔	终熔
熔点范围/℃					
参考值/℃					

4. 注意事项

使用浓硫酸作为载热体(加热介质)时要特别小心,不能让有机物碰到浓硫酸(如捆绑用的橡皮筋),否则溶液颜色会变深,有碍熔点的观察。若出现这种情况,可加入少许硝酸钾晶体,共热后使之脱色。

浓硫酸具有很强的腐蚀性,若操作时不小心溅到皮肤或衣服上,应立即用大量水冲洗,尽量减少浓硫酸在皮肤上停留的时间,然后涂上3%～5%的碳酸氢钠溶液(切不可用氢氧化钠等强碱)。严重的应立即送往医院。若滴落在桌面上,则用布擦干即可。

测定工作结束后,一定要等载热体冷却后方可将浓硫酸倒回瓶中。温度计也要等冷却后用废纸擦去硫酸方可用水冲洗,否则温度计极易炸裂。

二、用熔点仪法测定萘熔点

1. 实验用品

(1) 主要仪器:熔点仪、标准毛细管、玻璃管。

(2) 主要药品:硅油、萘。

2. 操作步骤

(1) 设置起始温度:通过按键输入所需要的起始温度,设置的起始温度应低于待测物质的熔点(不大于280℃)。

(2) 开机预热:选择升温速率、预置温度,机器预热20min,温度稳定。

(3) 将装有待测物质的毛细管从毛细管插入口内的小孔中置入油浴管中,按升温键,仪器进入匀速升温阶段。至液晶显示区域出现3根毛细管的初熔温度和终熔温度,分别按下相应键盘,记录3根毛细管的初熔温度、终熔温度。

(4) 测量结束,取出毛细管,关闭机器电源。

3. 数据记录与处理

将测定数据与处理结果记录于表1-5中。

表1-5　熔点仪法测定萘的熔点数据记录与处理

样品名称		测定项目		测定方法	
测定时间		环境温度		小组成员	
测定次数		1		2	
观测值/℃		初熔	终熔	初熔	终熔
熔点范围/℃					
参考值/℃					

4. 注意事项

(1) 将毛细管插入仪器前,应用软布将外面沾污的物质清除,以免把油浴弄脏。

(2) 插入与取出毛细管时,必须小心谨慎,避免毛细管断裂。

(3) 观察窗放大镜和油浴管应保持清洁,以免把油浴弄脏。

(4) 实验过程中如遇毛细管断裂,应先关掉电源,待炉子冷却后再打开上盖,把断裂的毛细管取出。

（5）将毛细管放进样品池时如果感觉太紧，应另换一根毛细管，不能硬塞，否则会堵塞样品池，甚至损坏仪器。

【知识窗】

萘(naphthalene)是最简单的稠环芳烃，化学品俗名为并苯，分子式为 $C_{10}H_8$，是由两个苯环共用两个相邻碳原子稠合而成的无色、有毒、易升华并有特殊气味的片状晶体，可从炼焦的副产品煤焦油和石油蒸馏中大量生产，主要用于合成邻苯二甲酸酐等，被广泛用作制备染料、树脂、溶剂等的原料，也用作驱虫剂。

任务工单

熔点的测定任务工单如表 1-6 所示。

表 1-6　熔点的测定任务工单

任务名称	熔点的测定			任务学时	
实训班级		学生姓名		学生学号	
组别		小组成员			
实训场地		实训日期		任务成绩	
任务目的					
任务描述					
主要仪器					
主要试剂					
计划决策					
任务实施	1. 原理描述： 2. 过程概述： 3. 数据记录： 4. 数据处理： 5. 实验结果与讨论：				
任务总结					

任务评价

熔点的测定任务评价表如表 1-7 所示。

表 1-7　熔点的测定任务评价表

<table>
<tr><th colspan="2" rowspan="2">评价项目</th><th rowspan="2">评价标准</th><th rowspan="2">配分</th><th colspan="3">评　价</th></tr>
<tr><th>自评</th><th>互评</th><th>师评</th></tr>
<tr><td colspan="2" rowspan="4">知识与技能
(70%)</td><td>能阐述熔点的测定方法及原理</td><td>15</td><td></td><td></td><td></td></tr>
<tr><td>能正确使用仪器</td><td>15</td><td></td><td></td><td></td></tr>
<tr><td>能按步骤进行实验操作</td><td>20</td><td></td><td></td><td></td></tr>
<tr><td>正确记录数据,并对数据进行处理</td><td>20</td><td></td><td></td><td></td></tr>
<tr><td rowspan="3">工作过程
(30%)</td><td>工作态度</td><td>态度端正,积极参与学习活动,无无故缺勤、迟到、早退现象</td><td>10</td><td></td><td></td><td></td></tr>
<tr><td>协调能力</td><td>能与小组成员、同学间合作交流、协调工作,促进任务完成</td><td>10</td><td></td><td></td><td></td></tr>
<tr><td>职业素质</td><td>能识别危险因素,排除安全隐患,做到遵规守纪、安全文明、灵活应用、认真仔细、规范操作、实事求是、爱护仪器、有节约意识</td><td>10</td><td></td><td></td><td></td></tr>
<tr><td colspan="3">合　计</td><td>100</td><td></td><td></td><td></td></tr>
<tr><td colspan="7">综合得分(自评分×30%+互评分×20%+师评分×50%):</td></tr>
<tr><td colspan="7">学习体会:

教师签字:</td></tr>
</table>

【知识拓展】

中国科学家根据对月球探测器嫦娥五号月壤的研究提出了新的月球热演化模型,揭开了困扰学术界的一大谜团:为何月球在距今 20 亿年前依然有火山活动? 2021 年 10 月中国科学家在《自然》杂志上发表了 3 篇文章,揭示了月球火山活动可以一直追溯到 20 亿年前,刷新了人类对月球岩浆活动和热演化历史的认知。

专家介绍,月球玄武岩是月幔(相当于地球的地幔)部分熔融形成的岩浆经火山喷发至月球表面冷却结晶形成的岩石。国际学者对持续冷却的月幔发生部分熔融曾提出两种假说:一种假说是放射性元素生热导致月幔升温;另一种假说是如果水含量高,会降低月幔熔点。

然而,中国科学家对嫦娥五号玄武岩的研究揭示了月幔源区并不富含放射性生热元素,且非常"干",排除了以上两种假说。科研团队选取了 27 颗具有代表性的嫦娥五号玄武岩岩屑,采用最新研发的扫描电镜能谱定量扫描技术分析了岩屑的全岩主要成分,并与阿波罗样品的初始岩浆进行对比,推算出它们的起源深度和温度。

该研究表明,尽管月球内部在持续缓慢冷却,月球岩浆洋晚期结晶的易熔组分不断加入深部月幔,不仅为月幔"补钙补钛",还降低了月幔的熔点,从而克服了缓慢冷却的月球内部环境,引发长期持续的月球火山作用。

【思考与练习】

一、选择题

1. 采用目视毛细管法测熔点时,使测定结果偏高的因素是(　　)。
   A. 样品装得太松　B. 加热太快　C. 加热太慢　D. 毛细管靠壁
2. 测定熔点的方法有(　　)。
   A. 毛细管法　B. 熔点仪法　C. 蒸馏法　D. 分馏法
3. 测熔点时,火焰加热的位置在(　　)。
   A. 提勒管底部　B. 提勒管两支管交叉处
   C. 提勒管上支管口处　D. 任意位置
4. 测熔点时,温度计水银球的位置在(　　)。
   A. 提勒管底部　B. 提勒管两支管中间处
   C. 液面下任意位置
5. 测熔点时,橡皮圈位置在(　　)。
   A. 液面下　B. 液面上　C. 任意位置
6. 下列说法中错误的是(　　)。
   A. 熔点是指物质的固态与液态共存时的温度
   B. 纯化合物的熔程一般为0.5～1℃
   C. 测熔点是确定固体化合物纯度的方便、有效的方法
   D. 初熔温度是指固体物质软化时的温度
7. 下列说法中正确的是(　　)。
   A. 杂质使熔点升高,熔距拉长
   B. 用液体石蜡做热浴,不能测定熔点在200℃以上的物质
   C. 毛细管内有少量水,不必干燥
   D. 用过的毛细管可重复使用
8. 熔距(熔程)是指化合物(　　)温度的差。
   A. 初熔与终熔　B. 室温与初熔
   C. 室温与终熔　D. 文献熔点与实测熔点
9. 在测定熔点时,若样品的终熔温度在150℃以下,不能选用的载热体是(　　)。
   A. 甘油　B. 液体石蜡　C. 水　D. 硅油

二、简答题

1. 什么是熔点? 简述纯物质的熔点与不纯物质的熔点的区别。
2. 加热的快慢为什么会影响熔点? 在什么情况下可以加热快些? 又在什么情况下要加热慢些?
3. 填充样品有什么要求? 对熔点测定有什么影响?

任务二　沸点及沸程的测定

【任务描述】

同学们，我们实验室有很多试药、试剂（如甲醇、乙醇、乙醚、丙酮、乙酸乙酯等）在室温下是液体状态，其沸点各不相同，而当温度升高时，这些产品会从液体变成气体挥发，这种现象也经常出现在生产生活中，那么我们在实验室如何测定这些产品的沸点和沸程呢？

【任务目标】

知识目标

- 掌握沸点、沸程的定义及蒸馏的意义；
- 理解实验室常用沸点测定方法的原理。

技能目标

- 熟练掌握常用沸点的测定方法；
- 能准确测定实验室常见试剂的沸点并规范、准确地撰写检测报告；
- 能正确安装沸点测定装置。

素质目标

- 培养认真、细致、负责的工作态度；
- 培养自我学习能力和解决问题的能力；
- 培养环保意识和实验安全意识。

知识准备

一、沸点、沸程的定义

在标准状态下（101325Pa，0℃），液体的沸腾温度即为该液体的沸点。沸程是液体在规定条件下[1013.25hPa（百帕），0℃]蒸馏，第一滴馏出物从冷凝管末端落下的瞬间温度（初馏点）至蒸馏瓶底最后一滴液体蒸发瞬间的温度（终馏点）间隔。

【知识窗】

华夏历史悠久，历朝历代的古圣先贤酿酒的首选材料都是纯粮，酿造原料为高粱、小麦、玉米等，到了元朝才出现了蒸馏酒，但酿酒工艺还是在纯粮中加入大曲、小曲或麸曲，然后在窖室中进行发酵，到了一定程度后粮食中的糖分会转化成乙醇，酒浆初成后再进行过滤，入酒甑蒸馏。酒甑在古代又称天锅，形状像个大蒸笼。在锅中烧水，将加了曲精之后的酒糟放入蒸锅，用锅炉往蒸锅里压入蒸气。乙醇的沸点是78.3℃，而水的沸点是100℃，所以在用蒸气加热的过程中，水还没有沸腾，乙醇就已经先沸腾了，这样就可以将酒从酒糟里蒸馏出来。乙醇蒸气会顺着锅盖上面的管子上行，经过冷凝后就得到了蒸馏酒。这就是传统白酒的酿造工艺和原理。

【知识窗】

沸点的高低在一定程度上反映了有机化合物在液态时分子间作用力的大小。分子间的作用力与化合物的偶极矩、极化度、氢键等有关。这些因素的影响，可以归纳为以下经验规律。

(1) 在脂肪族化合物的异构体中，直链异构体比有侧链的异构体的沸点高，侧链越多，沸点越低。

(2) 在醇、卤代物、硝基化合物的异构体中，伯异构体沸点最高，仲异构体次之，叔异构体最低。

(3) 在顺反异构体中，顺式异构体有较大的偶极矩，其沸点比反式高。

(4) 在多双键的化合物中，有共轭双键的化合物有较高的沸点。

(5) 卤代烃、醇、醛、酮、酸的沸点比相应的烃高。

(6) 在同系列化合物中，相对分子质量增大，沸点增高，但递增值逐渐减小。

二、沸点、沸程测定的意义

蒸馏广泛应用于分离和纯化有机化合物，它是根据混合物中各组分的蒸气压不同而达到分离目的的。蒸馏可以把挥发性的物质与不挥发性的物质分离开，也可以分离两种以上沸点相差较大(至少 30℃以上)的液体混合物。通过蒸馏，还可以测出化合物的沸点。

沸点、沸程是液态化合物的重要物理常数，是检验液态有机物纯度的重要指标。纯物质在一定压力下有恒定的沸点。通过测定化合物的沸点、沸程，可以定性检验化合物、评定产品等级、初步判断化合物的纯度、评定产品等级。

【知识窗】

实际应用中习惯不要求蒸干，而是规定从一个初馏点到终馏点的温度范围，在此范围内，馏出物的体积应不小于产品标准的规定。对于纯物质，在一定的压力下有恒定的沸点，其沸程一般不超过 2℃，若含有杂质，则沸程会增大。但应注意，有时几种沸程小的化合物由于形成恒沸物，也会有固定的沸点。例如，将 95.6%的乙醇和 4.4%的水混合，可形成沸点为 78.2℃的恒沸混合物。

三、沸点的测定原理及应用

液体的蒸气压是液体表面分子进入气相倾向大小的客观量度。实验证明，液体的蒸气压只与温度有关，即液体在一定温度下具有一定的蒸气压，此压力是指液体与其蒸气平衡时的压力，与体积中存在的液体和蒸气的绝对量无关。当液体的温度不断升高时，蒸气压也随之增加，直至该液体的蒸气压等于外界施予液面的总压力(通常是大气压)时，就有大量气泡从液体内部逸出，即液体沸腾，此时的温度为液体的沸点。沸点的高低与所受外界压力的大小有关。

将液体加热至沸腾，使液体变成蒸气，然后使蒸气冷却凝结为液体，这两个过程的联合操作称为蒸馏。当一个液体混合物沸腾时，液体上面的蒸气组成与液体混合物的组成不同，蒸气中以易挥发的，也即低沸点的组分为主。此时，把蒸气收集并冷凝成液体，就可获得与蒸气的组成相同的液体，由此可收集到易挥分的组分，达到分离提纯的目的。

四、沸点、沸程的测定方法

(一) 常量法测定沸点

当液体温度升高时,其蒸气压随之增加,当液体的蒸气压与大气压力相等时,开始沸腾。在标准状态下(101325Pa,0℃),液体的沸腾温度即为该液体的沸点。

常量法测定沸点的装置如图 2-1 所示。量取适量的试样注入试管中(其液面略低于烧瓶中载热体的液面),缓慢加热,当温度上升到某一数值并在相当时间内保持不变时,此时的温度即为试样的沸点。常量法适用于受热易分解、易氧化的液体有机试剂的沸点测定。

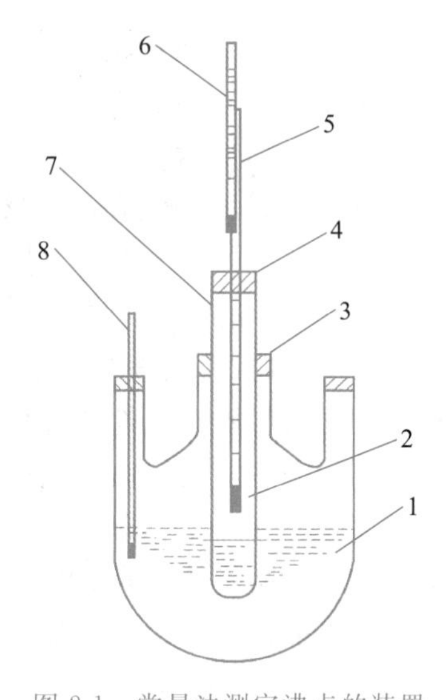

图 2-1　常量法测定沸点的装置

1—三口圆底烧瓶;2—试管;3,4—胶塞;5—测量温度计;6—辅助温度计;7—侧孔;8—温度计

1. 仪器与试剂清单

部分仪器与试剂清单如表 2-1 所示。

表 2-1　部分仪器与试剂清单

项目	名　称	规　格
仪器	三口圆底烧瓶	250mL 或 500mL
	支管蒸馏瓶	用硅硼酸盐玻璃制成,有效容积为 100mL
	冷凝管	直型水冷凝管,用硅硼酸盐玻璃制成
	接收器	容积为 100mL,两端分度值为 0.5mL
	测量温度计	内标式单球温度计,分度值为 0.1℃,量程适合于所测样品的沸点温度
	辅助温度计	100℃,分度值为 1℃
	试管	长 190~200mm,距离试管口约 15mm 处有一直径为 2mm 的侧孔
	胶塞	外侧具有出气槽
	电炉	500W,带有调压器
	气压计	
试剂	有机硅油	化学试剂
试样	丙酮或乙醇	工业品或化学试剂

2. 测量方法

1）沸点的测定

如图 2-1 所示，安装测定装置，将三口圆底烧瓶、试管及测量温度计用胶塞连接，测量温度计下端与试管液面相距 20mm，将辅助温度计附在测量温度计上，使其水银球在测量温度计露出胶塞外的水银柱中部。烧瓶中注入约为其体积 1/2 的载热体——有机硅油。具体方法见“任务实施”中的“一、用常量法测定丙酮沸点”的操作步骤。

2）沸程的测定

如图 2-2 所示，安装蒸馏装置。使测量温度计水银球上端与蒸馏瓶和支管接合部的下沿保持水平，将辅助温度计附在测量温度计上，使其水银球在测量温度计露出胶塞外的水银柱中部。用接收器量取(100±1)mL 的试样，将样品全部转移至蒸馏瓶中，加入几粒清洁、干燥的沸石，装好温度计，将接收器(不必经过干燥)置于冷凝管下端，使冷凝管口进入接收器部分不少于 25mm，也不低于 100mL 刻度线，接收器口塞以棉塞，并确保向冷凝管稳定地提供冷却水。

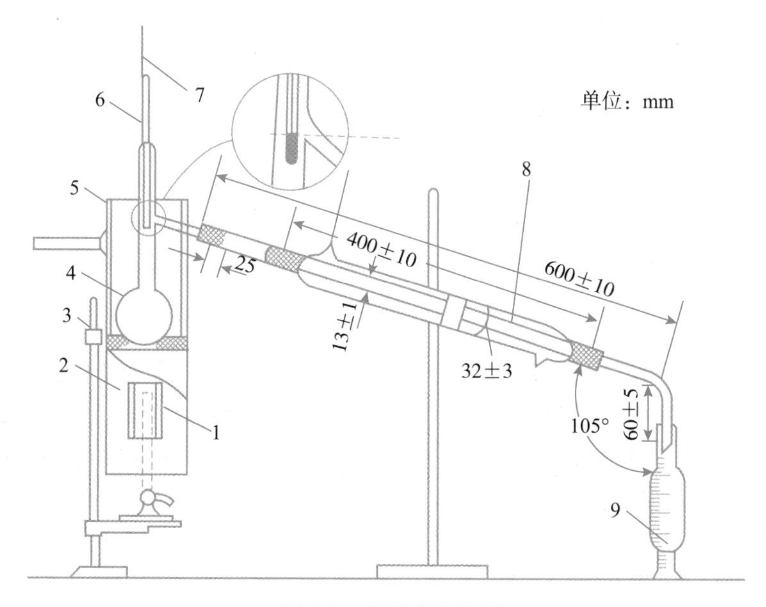

图 2-2　常压蒸馏装置

1—热源；2—热源的金属外罩；3—接合装置；4—支管蒸馏瓶；5—蒸馏瓶的金属外罩；6—温度计；7—辅助温度计；8—冷凝管；9—量筒

【知识窗】

沸石是一种天然矿物，它比普通矿石轻，所以最简单的辨别办法就是称重。沸石的质量小，主要是由于其内部充满了精细的通道间隙和孔，其结构比蜂房复杂得多。工业上常将沸石的这一特性用于筛选元素，从工业废液中回收铜、镉、镍、铅、锌、钼等金属颗粒，所以沸石成了天然的筛子。

不同的沸石具有不同的结构形式。沸石和片状沸石是板状、针状和纤维状沸石，菱沸石和方沸石是轴状晶体。纯沸石应为白色或无色，如果添加其他杂质，则表现出其他较浅的颜色。天然沸石在高温下蒸发后，结构不会发生变化，因此它也可以吸收水或液体，这是沸石的一个重要特征。沸石可用于干燥空气，净化或干燥酒精。

（二）毛细管测定沸点法

现多采用毛细管测定沸点法（微量法），该法适用于少量且纯度较高的样品。其优点是很少量试样就能满足测定的要求，主要缺点是只有试样特别纯时才能测得准确值。如果试样含少量易挥发杂质，则所得的沸点值会偏低，如图 2-3 和图 2-4 所示。

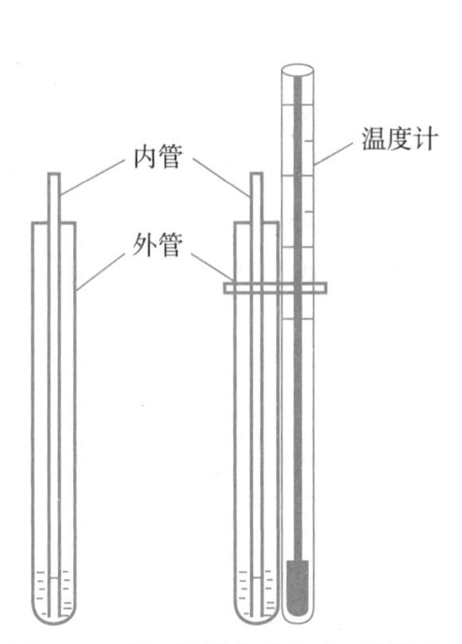

图 2-3　毛细管测定沸点法（微量法）

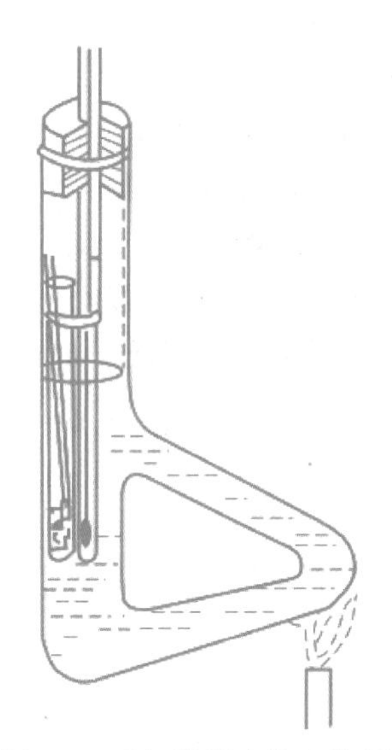
图 2-4　毛细管测定沸点装置

1. 测定原理

将一支毛细管一端封口、一端开口向下插入盛有被测样品的沸点管中。在最初受热时，毛细管内存在的空气受热膨胀首先逸出毛细管外，继续加热，被测液体受热膨胀。当液体受热温度超过其沸点时，毛细管内的蒸气压大于外界施于液面的总压力，会有一连串气泡形成。此时停止加热，毛细管内的蒸气压降低，气泡减少。当气泡不再冒出且液体将要压进毛细管内的瞬间，此时毛细管内的蒸气压与外界施于液面的总压力正好相等，所测的温度即为该液体的沸点。

2. 测定方法

（1）准备沸点管：用一支内径为 3～4mm、长度为 70～80mm 的毛细管，将其一端熔封，作为沸点管的外管；再取一支内径为 1mm、长约 90mm 的毛细管，在距底端约 10mm 处熔封，作为内管，如图 2-3 所示。

（2）装入样品：把外管微热，迅速地把开口一端插入待测样品中，当有少量试样吸入沸点管内后（液体高度约为 7mm），将外管正向直立，使液体流至管底（也可用洁净、干燥的细尖滴管将样品装入外管），然后将内管封闭的一端向上插入外管中。

（3）沸点的测定：将装好样品的沸点管用细铜线系在温度计上，使样品部位与主温度计水银球等高，如图 2-3 所示。向测定仪中装入适宜的载热体，载热体的选择和装入量如同熔点测定，温度计水银球距双浴式瓶底约 5mm。缓慢加热，先看到有气泡由内管逸出，当气泡从内管成串逸出时，移去热源，让温度下降 5～10℃。然后再以 1℃/min 的升温速度继续加热，当有连续不断的气泡从内管逸出时，记录主温度计读数，并再次停止加热，直到气泡停止逸出而液体刚要进入内管时（即最后一个气泡想进不进、想出不出时），立刻记录主温度计读数。两次测定的主温度计读数即为该样品的沸点范围观测值。

(4) 同时记录辅助温度计和大气压。

(5) 粗测一次，精测两次，记录数据，校正后得到该样品的沸点范围。

五、参照基准物标准沸点进行校正的方法

在测定试样的沸点时，还可以用一些参比物（或基准物）的标准沸点数据作基准，对所测定的沸点进行校正。此种校正方法所得结果最为可靠。具体方法是：测出试样的沸点（t_1）后，在表 2-2 中选出与其结构、沸点相似的参比物，在相同条件下测定此参比物的沸点，并求出与表中所列值的差值（Δt），则可按下式求出试样的沸点（t）：$t=t_1+\Delta t$。

表 2-2　测定沸点用基准物的标准沸点

化合物	沸点/℃	化合物	沸点/℃	化合物	沸点/℃
溴代乙烷	38.4	甲苯	110.6	硝基苯	210.8
丙酮	56.1	氯代苯	131.8	水杨酸甲酯	223.0
三氯甲烷	61.3	溴代苯	156.2	对硝基甲苯	238.3
四氯化碳	76.8	环己醇	161.1	二苯甲烷	264.4
苯	80.1	苯胺	184.4	α-溴代萘	281.2
水	100.0	苯甲酸甲酯	199.5	二苯甲酮	306.1

例如，测得试样 N-甲基苯胺的沸点为 194.8℃，在相同条件下，测定标准试样苯胺的沸点为 182.6℃。由表 2-2 查得苯胺在标准大气压下的沸点为 184.4℃，则差值 $\Delta t=184.4-182.6=1.8$（℃），试样在标准大气压下的沸点为 $t=194.8+1.8=196.6$（℃）。

【小贴士】

(1) 测定沸点时，加热速度不能过快；否则，将不利于观察，影响结果的准确度。

(2) 正确选择使用有机载热体，防止有机物燃烧。

(3) 蒸馏应在通风良好的通风橱中进行。

【知识拓展】

一、气压计读数校正

在观测大气压时，由于受地理位置和气象条件的影响，往往和标准大气压规定的条件不相符，为了使所得结果具有可比性，由气压计测得的读数除按仪器说明书的要求进行示值校正外，还必须进行温度校正和纬度重力校正。

$$p=p_t-\Delta p_1+\Delta p_2 \tag{2-1}$$

式中，p——经校正后的气压，hPa；

p_t——室温时的气压（经气压计仪器误差校正的测得值），hPa；

Δp_1——气压计读数校正值(即温度校正值,由气压计读数校正表查得),hPa;

Δp_2——纬度校正值(由纬度校正值表查得),hPa。

二、气压对沸点的校正

沸点随气压的变化值按下式计算:

$$\Delta t_p = CV(1013.25 - p) \tag{2-2}$$

式中,Δt_p——沸点随气压的变化值,℃;

CV——沸点随气压的校正值(由沸点温度随气压变化的校正值表查得),℃/hPa;

p——经校正的气压值,hPa。

三、温度计水银柱外露段的校正

温度计水银柱外露段的校正值可按下式进行计算:

$$\Delta t_2 = 0.00016h(t_1 - t_2) \tag{2-3}$$

校正后的沸点可按下式计算:

$$t = t_1 + \Delta t_1 + \Delta t_2 + \Delta t_p \tag{2-4}$$

式中,t_1——试样的沸点的测定值,℃;

t_2——辅助温度计读数,℃;

h——露出水银柱的高度(以温度差表示),℃;

Δt_1——温度计示值的校正值,℃;

Δt_2——温度计水银柱外露段校正值,℃;

Δt_p——沸点随气压的变化值,℃。

情景模拟

2022年又是重庆市工业学校收获颇多的一年,最让人欣喜的是环境工程系的3名学生代表重庆市参加2022年全国职业院校技能大赛化工生产技术赛项,荣获全国团体一等奖,其中,精馏项目取得全国第一名的好成绩。于是,邀请获奖团队成员为新入队的选手们普及精馏相关理论知识,积极备战下一年的市赛和国赛。

这次化工生产技术赛项的精馏原料是质量分数为[(10~13)±0.1]%的乙醇水溶液,基于酒精和水的沸点不同,通过加热混合物,使其沸腾产生蒸气,然后在精馏塔内进行分离,最终得到纯度较高的酒精,综合考查学生技能、理论基础、应变能力。

【知识窗】

众所周知,精馏是利用液体混合物中各组分挥发度的差别,使液体混合物部分汽化并随之使蒸气部分冷凝,从而实现其所含组分的分离,是一种属于传质分离的单元操作。那么什么是蒸馏?什么是分馏?什么又是精馏?将液体加热至沸腾,使液体变为蒸气,然后使蒸气冷却再凝结为液体,这两个过程的联合操作称为蒸馏。在蒸馏沸点比较接近的混合物时,各种物质的蒸气将同时蒸出,只不过低沸点的多一些,故难以达到分离和提纯的目的,只好借助分馏。分馏要连续进行多次汽化和冷凝,分离出的物质依然是混合物,只不过沸点范围不同。利用混合物中各组分挥发能力的差异,通过液相和气相的回流使气、液两相逆向多级接触,在热能驱动和相平衡关系的约束下,使易挥发组分(轻组分)不断从液相往气相转移,而难挥发组分由气相向液相迁移，使混合物得到不断分离，称该过程为精馏。

任务实施

一、用常量法测定丙酮沸点

微课：常量法装置安装步骤

1. 实验用品

（1）主要仪器：三口圆底烧瓶、温度计、试管、胶塞、电炉/酒精灯。

（2）主要药品：有机硅油、丙酮。

【知识窗】

丙酮（CH_3COCH_3）是一种重要的有机溶剂，我们在生活中看到、接触或使用的一些涂料、胶黏剂和清洁剂中，常常就含有丙酮，女孩子们喜欢在指甲上涂上各种鲜艳的指甲油，卸除这些指甲油的洗甲水的主要成分也是丙酮。丙酮被广泛使用在化工、人造纤维、医药、涂料、塑料、有机玻璃、化妆品等行业中。

（1）丙酮是易燃、易挥发液体，其蒸气与空气可形成爆炸性混合物，遇明火、高热极易燃烧爆炸，使用时应保持室内通风；大量使用时应严禁使用明火和可能产生电火花的电器。

（2）丙酮能与氧化剂发生强烈反应，使用时应避免与氧化剂、还原剂、碱类接触。

2. 操作步骤

（1）量取适量样品注入试管中，其液面略低于烧瓶中硅油（载热体）的液面。

（2）缓慢加热烧瓶，当温度上升到某一定数值并在相当时间内保持不变时，此温度即为待测样品的沸点。

3. 数据记录与处理

将测定数据与处理结果记录于表 2-3 中。

表 2-3　常量法测定丙酮沸点数据记录与处理

样品名称		测定项目		测定方法	
测定时间		环境温度		小组成员	
基准物质		基准物沸点		大气压	
测定次数		1		2	
沸点观测值/℃					
沸点校准值/℃					
沸点平均值/℃					
参考值/℃					

4. 注意事项

（1）三口圆底烧瓶的一个口必须配有孔橡皮塞，以保证导热液与大气相通。

（2）蒸馏前应根据待蒸液量的多少，选择规格合适的蒸储瓶。瓶子太大，产品损失相对会增加。从表面上看，液体是蒸完了，但瓶子中充满了蒸气，当其冷却后，即成为液体。

(3) 蒸馏易挥发和易燃的物质不能用明火，否则易引起火灾，应用热浴。沸点在 80℃以下的可用水浴加热，沸点在 80℃以上的可用油浴、沙浴等加热。蒸馏较高沸点的液体，可用直接火加热，但在蒸馏瓶下必须垫一石棉网，否则会由于加热不均匀而造成局部过热，引起产品分解或蒸馏瓶破裂。蒸馏沸点高于 130℃的液体时，需用空气冷凝管。若用水冷凝管，由于气体温度较高，冷凝管外套接口处易因温差太大而破裂。

(4) 加热速率不能过快，否则将不利于观察，影响结果的准确度。

(5) 测量工作结束后，载热体冷却后方可倒回瓶中。温度计也要冷却后用纸擦去载热体后方可用水冲洗，否则温度计极易炸裂。

二、用蒸馏法测定乙醇沸程

微课：蒸馏法设备安装步骤

1. 实验用品

(1) 主要仪器：支管蒸馏瓶、冷凝管、接收器、电热套。

(2) 主要药品：乙醇。

2. 操作步骤

(1) 开始加热，调节蒸馏速率，对于沸程温度低于 100℃的样品，应使自加热起至第一滴冷凝液滴入接收器的时间为 5～10min。

(2) 对于沸程温度高于 100℃的样品，上述时间应控制在 10～15min，然后将蒸馏速率控制在 3～4mL/min。

(3) 记录规定馏出物体积对应的沸程温度或规定沸程温度范围内的馏出物的体积。

【知识窗】

如何量取样品和测量馏出液体积？

(1) 若样品的沸程温度范围下限低于 80℃，则应在 5～10℃的温度下量取样品(将接收器距顶端 25mm 处以下浸入 5～10℃的水浴中)并测量馏出液体积。

(2) 若样品的沸程温度范围下限高于 80℃，则在常温下量取样品并测量馏出液体积。

(3) 若样品的沸程温度范围上限高于 150℃，则在常温下量取样品并测量馏出液体积，还应采用空气冷凝。

3. 数据记录与处理

将测定数据与处理结果记录于表 2-4 中。

表 2-4　蒸馏法测定乙醇沸程数据记录与处理

样品名称		测定项目		测定方法	
测定时间		环境温度		小组成员	
测定次数		1		2	
沸点观测值/℃		初馏点	终馏点	初馏点	终馏点
实测沸程/℃					
参考值/℃					

三、用微量法测定丙酮沸点

1. 实验用品

（1）主要仪器：提勒管、沸点管、温度计、酒精灯。

（2）主要药品：丙酮、乙醇。

2. 操作步骤

将沸点管置于热浴中，缓缓加热，先看到有气泡由内管逸出，当气泡快速从倒插的毛细管中成串逸出时，立即移去热源，停止加热。气泡逸出速率因停止加热而逐渐减慢，当气泡停止逸出而液体刚要进入毛细管时（即最后一个气泡出现但还没有逸出的瞬间），毛细管内的蒸气压等于外界的大气压，此刻的温度即为沸点。

【小贴士】

（1）测定沸点时，用橡皮圈将毛细管缚在温度计旁，并使装样部分和温度计水银球处在同一水平位置，同时要使温度计水银球处在提勒管两侧管中心部位。

（2）加热不能过快，被测液体不宜太少，以防液体全部汽化。

（3）沸点管内管中的空气要尽量赶干净。正式测定沸点前，使沸点管内管中有大量气泡冒出，以此带出空气。

（4）观察要仔细、及时，重复测定误差应不超过1℃。

3. 数据记录与处理

数据记录与处理同表2-3。

任务工单

沸点及沸程的测定任务工单如表2-5所示。

表2-5　沸点及沸程的测定任务工单

任务名称	沸点及沸程的测定			任务学时	
实训班级		学生姓名		学生学号	
组别		小组成员			
实训场地		实训日期		任务成绩	
任务目的					
任务描述					
主要仪器					
主要试剂					
计划决策					

续表

任务实施	1. 原理描述： 2. 过程概述： 3. 数据记录： 4. 数据处理： 5. 实验结果与讨论：
任务总结	

任务评价

沸点及沸程的测定任务评价表如表 2-6 所示。

表 2-6 沸点及沸程的测定任务评价表

评价项目		评价标准	配分	评价		
				自评	互评	师评
知识与技能(70%)		能阐述沸点(沸程)的测定方法及原理	15			
		能正确使用仪器	15			
		能按步骤进行实验操作	20			
		正确记录数据,并对数据进行处理	20			
工作过程(30%)	工作态度	态度端正,积极参与学习活动,无无故缺勤、迟到、早退现象	10			
	协调能力	能与小组成员、同学间合作交流、协调工作,促进任务完成	10			
	职业素质	能识别危险因素,排除安全隐患,做到遵规守纪、安全文明、灵活应用、认真仔细、规范操作、实事求是、爱护仪器、有节约意识	10			
合计			100			
综合得分(自评分×30%+互评分×20%+师评分×50%)：						
学习体会： 教师签字：						

【知识拓展】

SC-7534 自动沸程测定仪

图 2-5　SC-7534 自动沸程测定仪

SC-7534 自动沸程测定仪（图 2-5）是根据国家标准《工业用挥发性有机液体沸程的测定》（GB/T 7534—2004）标准试验方法设计制造的，同时能满足国家标准《化学试剂沸程测定通用方法》（GB/T 615—2006），集机械、光学和电子技术于一体，采用进口传感器，量筒液面读数采用进口数控光学跟踪检测系统的沸程测定仪器。它可自动完成沸程全过程实验，广泛适用于常压下沸点在 30～300℃，并且在蒸馏过程中化学稳定的有机液体（如烃、酯、醇、酮、醚及类似的有机化合物），并可定制双管，同时对两组不同或相同的试样进行实验。冷浴温度及冷阱温度均采用可分段程序控制，冷浴部分采用冷凝管和制冷蒸发管集成式的金属浴技术，确保冷热直接传导，无液体传热介质，既安全又方便。加热炉可快速提升和回落，可以在任意位置停留，真正实现了无极性调节技术。实验结束时，炉架自动下滑，切断热源余热，实现快速冷却。

技术参数如下。

- 工作电源：AC 220×（1±10%）V，50Hz，1.6kW。
- 操作方式：Windows 操作系统，10.4 英寸彩色液晶触摸屏。
- 温度范围：0～450℃，分辨率 0.1℃，德国进口 PT100 温度传感器。
- 制冷方式：德国进口压缩机制冷。
- 蒸馏速率：2～10mL/min（自由设定，自动调整）。
- 体积检测范围：0～100mL，分辨率 0.1mL。
- 冷浴温度范围：0～80℃，控温精度 0.2℃。
- 冷阱温度范围：0～60℃，控温精度 0.2℃。
- 气压测量范围：300～1100hPa，精度±3hPa，内置式压力传感器，自动修值。
- 安全保护系统：内置式紫外火焰传感器自动监测，出现火焰时自动开启保护气阀。
- 保护气体接口：ϕ7.5～8mm，保护气体为氮气或二氧化碳，压力不低于 0.6MPa。
- 仪器外形尺寸：460cm×500cm×660cm（长×宽×高）。净重：约 70kg。
- 使用环境温度：5～40℃。
- 使用相对湿度：≤80%。

【思考与练习】

一、选择题

1. 常量法测沸点，应记录的沸点温度为（　　）。

　A. 内管液体沸腾的温度

　B. 当温度上升到某一定数值并在相当时间内保持不变时的温度

　C. 内管中最后一个气泡不再冒出并要缩回时的温度

2. 物质的沸程与纯度的关系是(　　)。

A. 物质越纯,沸程越短　B. 物质越纯,沸程越长

C. 沸程与物质的纯度无关

3. 蒸馏法测定乙醇沸程时,在蒸馏瓶中加入沸石的时间是(　　)。

A. 任何时间　B. 加热前

C. 加热后　D. 加热近沸腾时

4. 蒸馏法测定液体沸程,调节蒸馏速率,对于沸程温度低于100℃的样品,应使自加热起至第一滴冷凝液滴入接收器的时间为(　　);对于沸程温度高于100℃的样品,上述时间应控制在(　　)min,然后将蒸馏速率控制在(　　)mL/min。

A. 3～4　B. 10～15　C. 5～10　D. 15～20

5. 微量法测沸点,应记录的沸点温度为(　　)。

A. 内管中第一个气泡出现时的温度

B. 内管中有连续气泡出现时的温度

C. 内管中最后一个气泡不再冒出并要缩回时的温度

二、判断题

1. 纯物质都有恒定的沸点。(　　)

2. 某液体试样沸程很窄,说明该液体是纯化合物。(　　)

3. 当样品量很少或样品很珍贵时,可采用毛细管法测定沸点。(　　)

4. 采用蒸馏法测定沸点时,样品量应在5mL以上。(　　)

三、简答题

1. 测得某液体有固定的沸点,能否认为该液体是单纯物质?为什么?

2. 测沸点时,升温速率的快慢对测定结果有何影响?

3. 简述测定沸程时加沸石的作用。若开始时未加沸石,在液体沸腾后能否补加?为什么?

4. 当加热后有储液出来时,才发现冷凝管未通水,应如何处理?为什么?

四、计算题

苯胺沸点的校正。已知观测的沸点为184.0℃,辅助温度计读数为45℃,室温为20.0℃,温度计露出塞外处的刻度为142.0℃,气压(室温下)为1020.35hPa,温度计示值校正值为−0.1℃,测量处的纬度为32°,试求校正后的苯胺试样的沸点。

任务三 液体密度的测定

【任务描述】

液体密度是评价液体有机化合物质量的一项特性理化指标，不同性质、纯度的液体有机化合物具有不同的密度。在实际工作中，通过测定液体有机化合物的密度，可以鉴别有机化合物的组成和纯度。本任务以测定液体有机化合物的密度为载体，详细介绍常见的液体有机化合物的密度测定原理和方法，帮助小李完成产品丙三醇密度的测定工作。

【任务目标】

知识目标

- 认识密度的定义及测定意义；
- 了解常见液体有机化合物密度的测定原理及方法。

技能目标

- 掌握各种测定液体密度的原理和操作方法；
- 能正确使用密度瓶、韦氏天平和密度计，会撰写液体密度的测定报告；
- 进一步熟悉分析天平、恒温水浴的使用方法。

素质目标

- 培养爱岗敬业的职业道德和互助合作的团队精神；
- 培养科学严谨、实事求是的工作态度，以及健康、安全、环保和质量意识；
- 培养观察、分析、解决问题的能力和拓展创新等可持续发展的能力。

知识准备

一、密度的定义

密度是物质的重要物理常数之一，它是指在规定的温度 t 下单位体积物质的质量，可以用符号 ρ_t 表示。在国际单位制和中国法定计量单位中，密度的单位为千克每立方米（kg/m^3）。密度的单位还有 g/cm^3 或 g/mL。密度的计算公式如下：

$$\rho_t=\frac{m}{V}$$

式中，m——物质的质量，g；

V——物质的体积，cm^3 或 mL。

二、密度测定的意义

1. 鉴别物体的组成材料

密度是物质的特性之一，每种物质都有一定的密度，不同的物质密度一般是不同的。因此，我们可以利用密度来鉴别物质。其方法是，测定待测物质的密度，把测得的密度和文献密度表中各种物质的密度进行比较，从而得出是什么物质。

在农业上，密度可被用来判断土壤的肥力，含腐殖质多的土壤肥沃，其密度为 $2.3 \times 10^3 kg/m^3$。人们可根据种子在水中的沉、浮情况进行选种：饱满、健壮的种子因密度大而下沉；瘪壳和其他杂草的种子因密度小而浮在水面。在工业生产上，如淀粉的生产，以土豆为原料，一般来说含淀粉多的土豆密度较大，故通过测定土豆的密度可估计淀粉的产量。

【知识窗】

人体的密度仅有 $1.02g/cm^3$，只比水的密度大一点儿。汽油的密度比水小，所以在路上看到的油渍都会浮在水面上。海水的密度大于水，所以人体在海水中比较容易浮起来。（死海的海水密度达到 $1.3g/cm^3$，大于人体密度，所以人可以在死海中漂浮起来。）

2. 定性鉴定化合物，判断化合物的纯度

因为物质会热胀冷缩，其体积随温度的变化而变化，所以物质的密度也随之而变。因此，同一物质在不同温度下测得的密度是不同的，说明密度时必须注明温度，常以 20℃为准。

国家标准规定，化学试剂的密度是指在 20℃时单位体积物质的质量，用 ρ 表示。在其他温度时，则必须在 ρ 的右下角注明温度，即用 ρ_t 表示。

物质的密度与其分子间的作用力有关。若物质中有杂质，则改变了分子间的作用力，密度也随之改变。因此，根据密度可以区分化学组成相似而密度不同的化合物、检验化合物的纯度及定量分析物质的浓度。因此，在生产中密度是物质产品质量控制指标之一。此外，由密度还可以估算物质的其他物理性质，如沸点、黏度、表面张力等。

液体和固体的密度受压力的影响极小，因此在测定其密度时通常不考虑压力的影响。

三、密度的测定方法

密度的测定包括气体、液体和固体密度的测定。本任务主要介绍液体密度的测定方法。常用的液体密度测定方法有密度瓶法、韦氏天平法和密度计法，如图 3-1 所示。

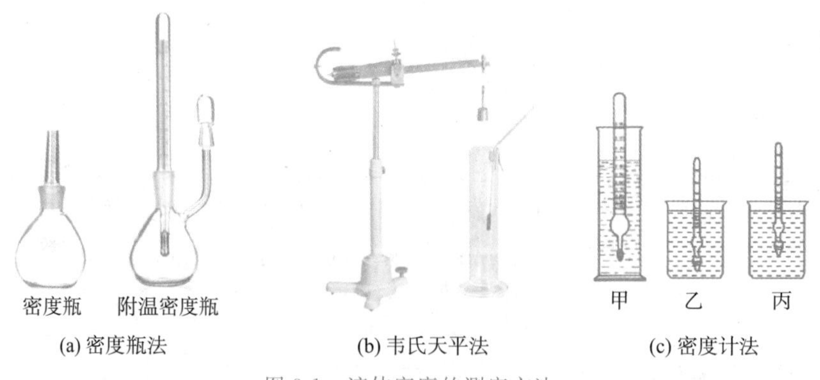

图 3-1　液体密度的测定方法

（一）密度瓶法

密度瓶法可用于测定非挥发性液体的密度。

1. 测定原理

在 20℃时，分别测定充满同一密度瓶的水及试样的质量，由水的质量及密度可以确定密度瓶的容积，即试样的体积，由此可以计算试样的密度，即

$$V_{样}=\frac{m_{水}}{\rho_0}$$

$$\rho_{样}=\frac{m_{样}}{V_{样}}=\frac{m_{样}}{m_{水}}\rho_0$$

式中，$m_{样}$——20℃时充满密度瓶的试样质量，g；

$m_{水}$——20℃时充满密度瓶的水的质量，g；

ρ_0——20℃时水的密度，g/cm³，其值为 0.99820g/cm³。

由于我们在空气中称取水和试样的质量必然会受到空气浮力的影响，因此必须按下式计算密度，以校正空气的浮力：

$$\rho_{样}=\frac{m_{样}+A}{m_{水}+A}\rho_0$$

$$A=\frac{m_{水}}{0.9970}\rho_0$$

式中，A——空气浮力校正值，即在空气中称量的试样和蒸馏水比在真空中称量减小的质量，g；

0.9970——ρ_0 与干燥空气在 0℃、101325Pa 时的密度 0.0012g/cm³ 之差。

通常，A 值的影响很小，可以忽略不计。

2. 测定仪器——密度瓶

密度瓶有各种形状和规格，常用的有球形的普通型密度瓶[图 3-2(a)]和标准型密度瓶[图 3-2(b)]。标准型密度瓶是附有特制温度计、带有磨口帽的小支管的密度瓶。密度瓶的容积一般为 5mL、10mL、25mL、50mL 等。

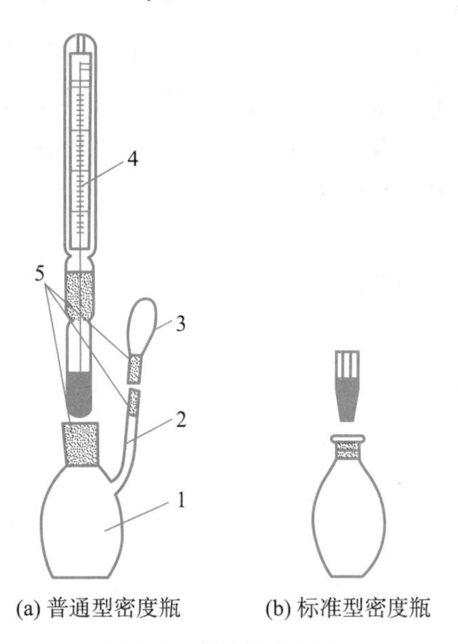

图 3-2　密度瓶的结构

1—密度瓶主体；2—侧管；3—侧孔罩；4—温度计；5—玻璃磨口

3. 测定方法

(1) 将密度瓶洗净并干燥，连同温度计及侧孔罩一起在分析天平上精确称量。

(2) 取下温度计及侧孔罩,用新煮沸并冷却至约 20℃的蒸馏水充满密度瓶,插入温度计,置于恒温水浴中达(20±0.1)℃,盖上侧孔罩,取出密度瓶,用滤纸擦干其外壁的水,立即称量。

(3) 将密度瓶中的水倒出,洗净并使之干燥,以试样代替蒸馏水重复步骤(2)的操作。平行测定 3 次。

(4) 按公式计算试样的密度,结果取平均值。

(二) 韦氏天平法

韦氏天平法适用于测定易挥发性液体的密度。

1. 测定原理

韦氏天平法测定密度的基本依据是阿基米德定律,即当物体完全浸入液体时,它所受到的浮力或所减少的质量等于该物体排开液体的质量。因此,在一定温度下(20℃),分别测出同一物体(玻璃浮锤)在水及试样中的浮力。由于浮锤排开水和试样的体积相同,而浮锤排开水的体积为

$$V=\frac{m_{水}}{\rho_0}$$

因此,试样的密度为

$$\rho_{样}=\frac{m_{样}}{m_{水}}\rho_0$$

式中,$\rho_{样}$——试样在 20℃时的密度,g/cm^3;

$m_{样}$——浮锤浸于试样中时的浮力(骑码读数),g;

$m_{水}$——浮锤浸于水中时的浮力(骑码读数),g。

2. 测定仪器——韦氏天平

韦氏天平的结构如图 3-3 所示。天平横梁 6 用支架支持在玛瑙刀座 4 上,梁的两臂形状不同且不等长。长臂上刻有分度,末端有悬挂玻璃浮锤 10 的钩环,短臂末端有指针,当两臂平衡时,指针应和固定指针水平对齐。旋松立柱紧定螺钉 2,可使支柱上下移动。支柱的下部有一个水平调整螺钉 1,横梁的左侧有平衡调节器 5,它们可用于调节天平在空气中的平衡。

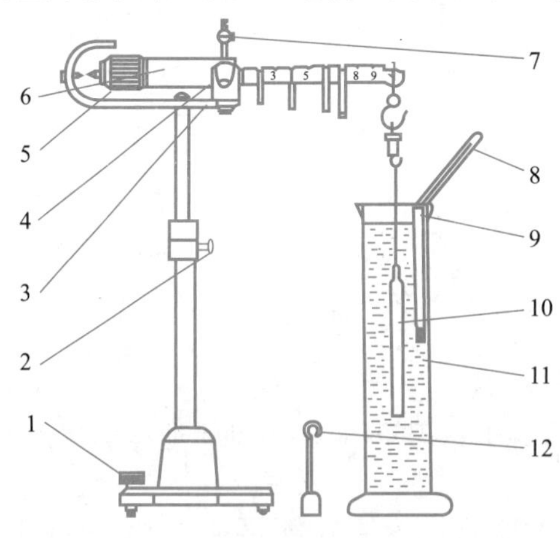

图 3-3 韦氏天平的结构

1—水平调整螺钉;2—立柱紧定螺钉;3—托架;4—玛瑙刀座;5—平衡调节器;6—横梁;7—重心铊;8—弯头温度表;9—温度表夹;10—玻璃浮锤;11—玻璃量筒;12—15g 钩码

每台天平有两组骑码，每组有大小不同的 4 个骑码。最大骑码的质量等于浮锤在 20℃ 的水中所排开水的质量，其他骑码为最大骑码的 1/10、1/100、1/1000。4 个骑码在各个位置上的读数如表 3-1 所示。

表 3-1　韦氏天平各骑码位置的读数

骑码位置	一号骑码	二号骑码	三号骑码	四号骑码
放在第十位时	1	0.1	0.01	0.001
放在第九位时	0.9	0.09	0.009	0.0009
放在第八位时	0.8	0.08	0.008	0.0008
放在第七位时	0.7	0.07	0.007	0.0007
放在第六位时	0.6	0.06	0.006	0.0006
放在第五位时	0.5	0.05	0.005	0.0005
放在第四位时	0.4	0.04	0.004	0.0004
放在第三位时	0.3	0.03	0.003	0.0003
放在第二位时	0.2	0.02	0.002	0.0002
放在第一位时	0.1	0.01	0.001	0.0001

例如，一号骑码在第七位上，二号骑码在第六位上，三号骑码在第四位上，四号骑码在第二位上，则读数为 0.7642。

3. 测定方法

(1) 按图 3-3 所示安装韦氏天平。将等重砝码挂于横梁右端小钩上，调整底座上的水平调整螺钉，使横梁与支架的指针尖相互对正，以示天平处于平衡状态。

(2) 取下等重砝码，换上玻璃浮锤，此时天平仍应保持平衡，允许误差为±0.0005g，否则需进行调节。

(3) 在一玻璃圆筒中加入经煮沸并冷却至 20℃ 左右的蒸馏水，将浮锤全部浸入其中。把量筒置于恒温水浴中，恒温至(20±0.1)℃，然后由大到小把骑码加在横梁 V 形槽上，使指针重新水平对正，记录骑码读数。

(4) 将浮锤取出，清洗后干燥，用试样代替水重复步骤(3)的操作，记录骑码读数。平行测定 3 次。

(5) 按公式计算出试样的密度，结果取平均值。

(三) 密度计法

用密度计法测定密度，快速、简便、直接读数，但准确性较差，且所需试样量较多。密度计法常用于测定精度要求不太高的工业生产中的液体密度。

1. 测定原理

密度计法测定密度的依据是阿基米德定律。密度计上的刻度越向上，表示的密度越小。在测定密度较大的液体时，密度计排开液体的质量越大，所受到的浮力也就越大，因此密度计就越向上浮。反之，液体的密度越小，密度计就越往下沉。因此，根据密度计浮于液体的位置可直接读出所测液体试样的密度。

2. 测定仪器——密度计

密度计是一支封口的玻璃管，中间部分较粗，内有空气，所以放在液体中可以浮起；下部装有小铅粒形成重锤，能使密度计直立于液体中；上部较细，管内有刻度标尺，可以直接读出密度值，如图 3-4 所示。

密度计都是成套的，一般每套有 7～14 支，每支只能测定一定范围的密度，使用时应按试样的密度选择合适的密度计。

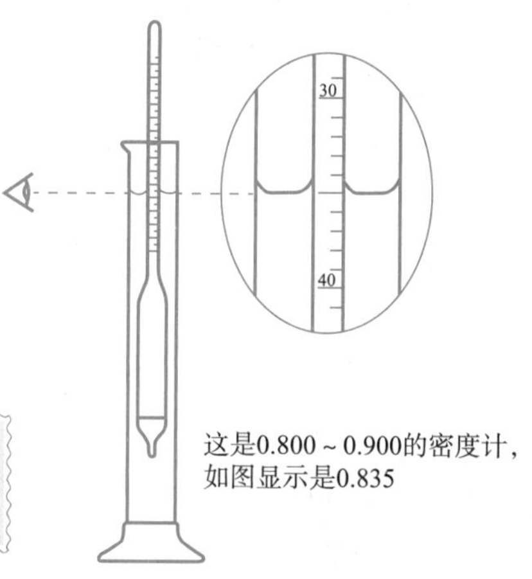

图 3-4　密度计及其读数方法

【小贴士】

液体会热胀冷缩，温度高低直接影响读数结果。

3. 测定方法

(1) 将待测试样注入清洁、干燥的玻璃量筒中，用手拿住洁净密度计的上端，轻轻地插入试样中，试样中不得有气泡，密度计不得接触量筒壁及量筒底，应用手扶住使其缓缓上升。

(2) 密度计平稳后，水平观察，读取待测液弯月面上缘的读数，即为该试样的密度(标有读弯月面上缘刻度的密度计除外)。

微课：密度瓶法测定丙三醇的密度

情景模拟

小李是一名原料药厂化验室的新员工，今天跟随张师傅去车间取样，用于产品的理化检测。张师傅说："小李，丙三醇是一种基本的原料药辅料，是我们厂三车间的主要产品，今天我们取样回化验室，测定它的密度。"小李问："丙三醇的密度怎么测定呢？"张师傅说："液体密度的测定有多种方法，按厂里的标准，我们采用密度瓶法来测定。"

请帮助小李测定丙三醇等常见液体有机化合物的密度。

任务实施

一、用密度瓶法测定丙三醇的密度

1. 实验用品

(1) 主要仪器：25mL 密度瓶、恒温水浴锅、分析天平、恒温干燥箱或吹风机。

(2) 主要药品：乙醚或无水乙醇(AR，洗涤用)、丙三醇(样品)。

2. 操作步骤

(1) 将恒温水浴锅加水后接通电源，开启恒温水浴开关，设置加热温度，将温度恒定在(20±0.1)℃。

(2) 将 25mL 密度瓶洗净并在恒温干燥箱中干燥(不能烘烤)，冷却后，连同温度计及侧孔罩在分析天平上，准确称取空密度瓶的质量(精确至 0.0001g)，记录为 m_0。

(3) 用新煮沸并冷却至约 20℃的蒸馏水将密度瓶润洗 2～3 次，然后小心注满密度瓶，不得带入气泡。立即将密度瓶浸入恒温水浴中约 20min，至密度瓶温度达到 20℃，水不要没过磨口塞。取出密度瓶，用滤纸擦干其外壁上的水，立即称其质量(精确至 0.0001g)，记录为 m_1。

(4) 将密度瓶中的水倒出，烘干、冷却。用少量丙三醇样品液润洗 2～3 次，并注满密度瓶。同(3)恒温，称其质量(精确至 0.0001g)，记录为 m_2。

【知识窗】

丙三醇又名甘油，是一种有机化合物，化学式为 $C_3H_8O_3$，熔点为 17.4℃，沸点为 290℃，密度为 1.297g/cm³，为无色、无臭的透明黏稠液体，能与水任意比例混溶，主要用作有机化工原料，也可用作分析试剂，在医学方面用以制取润滑性泻药，各种制剂、溶剂、吸湿剂、防冻剂和甜味剂，以及配剂外用软膏或栓剂等。

3. 数据记录与处理

微课：韦氏天平法测定液体密度

用下式计算丙三醇的密度：

$$\rho_{丙三醇}=\frac{m_2-m_0}{m_1-m_0}\times 0.99820$$

3 次测定结果的平均值即为丙三醇样品的密度。

将测定数据与处理结果记录于表 3-2 中。

表 3-2　密度瓶法测定丙三醇样品密度数据记录与处理

样品名称		测定项目		测定方法	
测定时间		环境温度		小组成员	
测定次数			1	2	3
空密度瓶的质量 m_0/g					
空密度瓶与纯水的质量 m_1/g					
空密度瓶与丙三醇样品的质量 m_2/g					
测定密度值 ρ/(g/mL)					
测定密度平均值/(g/mL)					

4. 注意事项

(1) 密度瓶中不得有气泡。

(2) 干燥时不能烘烤密度瓶，加入乙醚或无水乙醇润洗后用吹风机吹干。

(3) 称量尽可能迅速，防止水和试样挥发而影响测定结果。

(4) 严格控制温度，使其恒定在(20±0.1)℃。

(5) 采取措施，确保 HSE(health，safety，environmental，健康、安全、环保)要求落实到位。

(6) 按时完成任务工单，及时考核、评价测定完成情况。

二、用韦氏天平法测定乙醇的密度

1. 实验用品

(1) 主要仪器：韦氏天平(PZA-5 型)、恒温水浴锅、量筒(100mL)。

(2) 主要药品：无水乙醇(AR，擦拭或润洗用)、乙醇(样品)。

2. 操作步骤

(1) 将恒温水浴锅加水后接通电源，开启恒温水浴开关，设置加热温度，将温度恒定在(20±0.1)℃。

(2) 按图 3-3 所示安装好韦氏天平。先用等重砝码使天平平衡，再用玻璃浮锤使天平平衡，两者允许误差为±0.0005g，否则需进行调节。

(3) 取 100mL 量筒一个，加入经煮沸并冷却至 20℃左右的蒸馏水 100mL，用无水乙醇擦净浮锤，用蒸馏水润洗 2～3 次，并全部浸入水中，不得带入气泡，浮锤不得与量筒壁或量筒底接触。把量筒置于恒温水浴中，恒温 20min 以上，使温度恒定在(20±0.1)℃。然后由大到小把骑码加在横梁的 V 形槽上，使指针重新水平对齐，记录骑码读数 $m_{水}$。

(4) 将玻璃浮锤取出，倒出量筒内的水，用无水乙醇润洗后，用少量乙醇样品润洗 2～3 次。向量筒内注入试样乙醇 100mL，立即将浮锤全部浸入乙醇中。同(3)恒温，记录骑码读数 $m_{样}$。

3. 数据记录与处理

按下式计算乙醇样品的密度：

$$\rho_{乙醇}=\frac{m_{样}}{m_{水}}\times 0.99820$$

3 次测定结果的平均值即为乙醇样品的密度。

将测定数据与处理结果记录于表 3-3 中。

表 3-3 韦氏天平法测定乙醇样品密度数据记录与处理

样品名称		测定项目		测定方法	
测定时间		环境温度		小组成员	
测定次数			1	2	3
测定纯水的骑码读数值 $m_{水}$/g					
测定乙醇样品的骑码读数值 $m_{样}$/g					
测定乙醇样品的密度值 ρ/(g/mL)					
测定平均值/(g/mL)					

4. 注意事项

(1) 测定过程中，将温度严格控制在(20±0.1)℃。

(2) 韦氏天平使用完毕，应将骑码全部取下，妥善保存；当需移动天平时，应将横梁等零件取下，以免损坏玛瑙刀口。

(3) 取用玻璃浮锤时，必须十分小心，轻拿轻放，一般右手用镊子夹住吊钩，左手垫绸布或清洁滤纸托住玻璃浮锤，以防其损坏。

(4) 定期进行韦氏天平的清洁工作和计量性能检定。

(5) 采取措施，确保 HSE 要求落实到位。

(6) 按时完成任务工单，及时考核、评价测定完成情况。

【知识窗】

韦氏天平和其他计量仪器一样，必须细心保养，并严格遵守天平的安装及校正规则。

(1) 韦氏天平应在调整平衡后使用。

(2) 将需要测试的液体放入玻璃量筒内进行测试。

(3) 将浮锤浸入玻璃量筒内的液体中，此时横梁失去平衡，在横梁V形槽与小钩上应加放各种骑码使天平恢复平衡，这时横梁V形槽和小钩上的骑码总和即为测得液体的密度数值。

三、用密度计法测定酒精样品的密度

微课：密度计法测定磷酸的密度

1. 实验用品

(1) 主要仪器：密度计(一套)、量筒(100mL)、温度计。

(2) 主要药品：酒精样品。

2. 操作步骤

(1) 选择适当的密度计。

(2) 取100mL量筒，用少量样品乙醇润洗2～3次后，注入80～100mL样品乙醇，不得含有气泡。用手拿住密度计的上端，轻轻地插入乙醇中，密度计不得接触量筒壁及量筒底，用手扶住使其缓缓上升。

(3) 待密度计停止摆动、保持平衡后，水平观察，读取并记录密度计的读数 $\rho_{乙醇}$，同时测量乙醇的温度。

3. 数据记录与处理

3次密度计读数 $\rho_{乙醇}$ 的平均值即为测定温度下乙醇样品的密度。

将测定数据与处理结果记录于表3-4中。

表3-4　密度计法测定酒精样品密度数据记录与处理

样品名称		测定项目		测定方法	
测定时间		环境温度		小组成员	
测定次数			1	2	3
密度计的读数 $\rho_{乙醇}$/(g/mL)					
测定平均值/(g/mL)					

4. 注意事项

(1) 所用量筒的尺寸应高于密度计，装入液体不要太满，能将密度计浮起即可。测量时，用样品润洗量筒，使浓度保持一致。

(2) 密度计要缓慢放入液体中，以防密度计与量筒底相碰而受损。

(3) 采取措施，确保HSE要求落实到位。

(4) 按时完成任务工单，及时考核、评价测定的完成情况。

任务工单

液体密度的测定任务工单如表3-5所示。

表 3-5　液体密度的测定任务工单

<table>
<tr><td>任务名称</td><td colspan="3">液体密度的测定</td><td>任务学时</td><td></td></tr>
<tr><td>实训班级</td><td></td><td>学生姓名</td><td></td><td>学生学号</td><td></td></tr>
<tr><td>组别</td><td></td><td>小组成员</td><td colspan="3"></td></tr>
<tr><td>实训场地</td><td></td><td>实训日期</td><td></td><td>任务成绩</td><td></td></tr>
<tr><td>任务目的</td><td colspan="5"></td></tr>
<tr><td>任务描述</td><td colspan="5"></td></tr>
<tr><td>主要仪器</td><td colspan="5"></td></tr>
<tr><td>主要试剂</td><td colspan="5"></td></tr>
<tr><td>计划决策</td><td colspan="5"></td></tr>
<tr><td>任务实施</td><td colspan="5">1. 原理描述：
2. 过程概述：
3. 数据记录：
4. 数据处理：
5. 实验结果与讨论：</td></tr>
<tr><td>任务总结</td><td colspan="5"></td></tr>
</table>

任务评价

液体密度的测定任务评价表如表 3-6 所示。

表 3-6　液体密度的测定任务评价表

<table>
<tr><td colspan="2" rowspan="2">评 价 项 目</td><td rowspan="2">评 价 标 准</td><td rowspan="2">配分</td><td colspan="3">评　　价</td></tr>
<tr><td>自评</td><td>互评</td><td>师评</td></tr>
<tr><td colspan="2" rowspan="4">知识与技能
(70%)</td><td>能阐述液体密度的测定方法及原理</td><td>15</td><td></td><td></td><td></td></tr>
<tr><td>能正确使用仪器</td><td>15</td><td></td><td></td><td></td></tr>
<tr><td>能按步骤进行实验操作</td><td>20</td><td></td><td></td><td></td></tr>
<tr><td>正确记录数据，并对数据进行处理</td><td>20</td><td></td><td></td><td></td></tr>
<tr><td rowspan="3">工作过程
(30%)</td><td>工作态度</td><td>态度端正，积极参与学习活动，无无故缺勤、迟到、早退现象</td><td>10</td><td></td><td></td><td></td></tr>
<tr><td>协调能力</td><td>能与小组成员、同学间合作交流、协调工作，促进任务完成</td><td>10</td><td></td><td></td><td></td></tr>
<tr><td>职业素质</td><td>能识别危险因素，排除安全隐患，做到遵规守纪、安全文明、灵活应用、认真仔细、规范操作、实事求是、爱护仪器、有节约意识</td><td>10</td><td></td><td></td><td></td></tr>
</table>

续表

评价项目	评价标准	配分	评价		
			自评	互评	师评
合计		100			
综合得分(自评分×30%＋互评分×20%＋师评分×50%)：					
学习体会： 教师签字：					

【思考与练习】

简答题

1. 简述密度瓶法测定密度的原理。
2. 密度瓶中有气泡，会使测定结果偏高还是偏低？为什么？
3. 密度瓶法测定密度为什么要用恒温水浴？
4. 密度瓶称重前，擦干瓶体外壁时，用手握住瓶体对测定结果是否有影响？
5. 简述韦氏天平法测定密度的原理。
6. 简述韦氏天平的使用方法。
7. 测定过程中有气泡带入对测定结果是否有影响？
8. 浮锤的金属丝折断后能否任意用一根金属丝连接上？为什么？
9. 等重砝码的质量、体积是否与浮锤的质量、体积相等？
10. 简述测定液体密度的方法。
11. 简述用密度计法测定密度的原理。
12. 测定密度时能否把密度计随意放入试样中？
13. 简述3种密度测定方法的适用范围。
14. 密度计法测定密度有何优点？

任务四　折射率的测定

【任务描述】

固体、气体和液体都有折射现象。工业上可以将折射率作为液体化合物纯度的标志，它比沸点更可靠。通过测定溶液的折射率，可以了解物质的光学性能，鉴定未知样，判断化合物的纯度，也可以定量分析溶液的浓度。国家标准《化学试剂　折光率测定通用方法》(GB/T 614—2021)中规定了用阿贝折射仪测定液体有机试剂折光率的通用方法。本任务以如何测定蔗糖溶液的折射率为引导，详细介绍折射率的测定原理和方法。

【任务目标】

知识目标

- 认识折射率的定义及测定意义；
- 了解折射率的测定原理及方法；
- 了解阿贝折射仪的构造。

技能目标

- 会使用阿贝折射仪；
- 会用阿贝折射仪测定样品的折射率；
- 会维护和保养阿贝折射仪。

素质目标

- 培养团结协作的团队意识；
- 培养独立思考和提出新思路、新方法的能力，初步具备创新能力；
- 培养遵守职业道德规范，具备职业道德素质。

知识准备

一、折射率的定义

折射率也称为折光率，是物质的光学常数，它和沸点、密度等一样，也是物质的重要物理常数之一。

在实际应用中，在钠光谱D线、20℃的条件下，折射率为空气中的光速与被测物中的光速之比，或者光自空气通过被测物时的入射角的正弦与折射角的正弦之比，即

$$n=\frac{v_1}{v_2}=\frac{\sin i}{\sin r} \tag{4-1}$$

式中，n——待测介质的折射率；

v_1——光在空气中的速度；

v_2——光在待测介质中的速度；

i——光的入射角；

r——光的折射角。

说明：某一特定介质的折射率随测定时的温度和入射光的波长的不同而改变。随温度的升高，物质的折射率降低，一般温度升高 1℃，折射率降低 $4\times10^{-4}\sim5\times10^{-4}$。

二、折射率测定原理

当光从折射率为 n 的被测物质进入折射率为 N 的棱镜时，入射角为 i，折射角为 r，则

$$\frac{\sin i}{\sin r}=\frac{N}{n} \tag{4-2}$$

在阿贝折射仪中，入射角 $i=90°$，代入式(4-2)，得

$$\frac{1}{\sin r}=\frac{N}{n}$$

$$n=N\sin r \tag{4-3}$$

棱镜的折射率 N 为已知值，则通过测量折射角 r 即可求出被测物质的折射率 n。

三、阿贝折射仪的结构

阿贝折射仪是测定液体折射率最常用的仪器，通常配有一台超级恒温水浴仪器使用。阿贝折射仪的结构如图 4-1 所示。

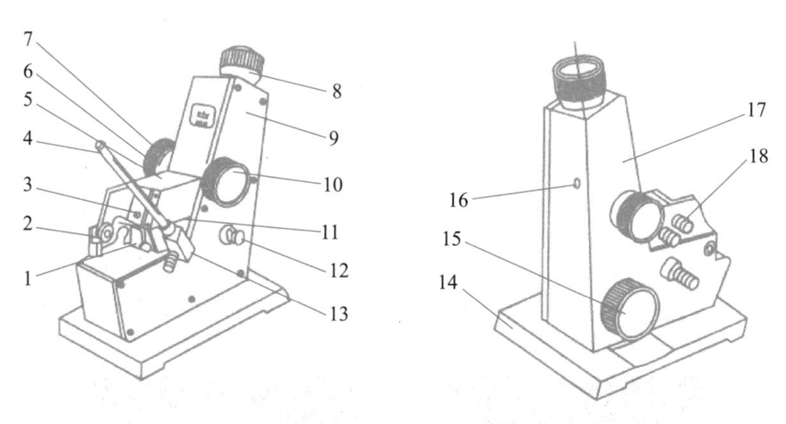

图 4-1　阿贝折射仪的结构

1—反射镜；2—棱镜座连接转轴；3—遮光板；4—温度计；5—进光棱座；6—色散调节手轮；7—色散值刻度圈；8—目镜；9—盖板；10—锁紧手轮；11—折射标棱镜座；12—照明刻度聚光镜；13—温度计座；14—底座；15—折射率刻度手轮；16—示值调节螺钉；17—壳体；18—恒温器接头

阿贝折射仪的光学部分由望远镜和读数系统两部分组成，如图 4-2 所示。

进光棱镜 1 与折射棱镜 2 之间有一微小均匀间隙，被测液体放此间隙内。当光线射入进光棱镜 1 时便在其磨砂面上产生漫反射，使被测液层内有各种不同角度的入射光，经过折射棱镜 2 产生一束折射角均大于临界角 i 的光线。由摆动反光镜 3 将此束光线射入消色散棱镜组 4。再由望远物镜组 5 将此明暗分界线成像于分划板 7 上，分划板 7 上有十字划线，通过目镜 8 能看到如图 4-3 所示的图像。光线经聚光镜 12 照明刻度板 11，刻度板 11 与摆动反射镜 3 连成一体，同时绕刻度中心做回转运动。通过反光镜 10、读数物镜 9、平行棱镜 6 将刻度板 11 上不同部位的折射率示值成像于分划板 7 上。

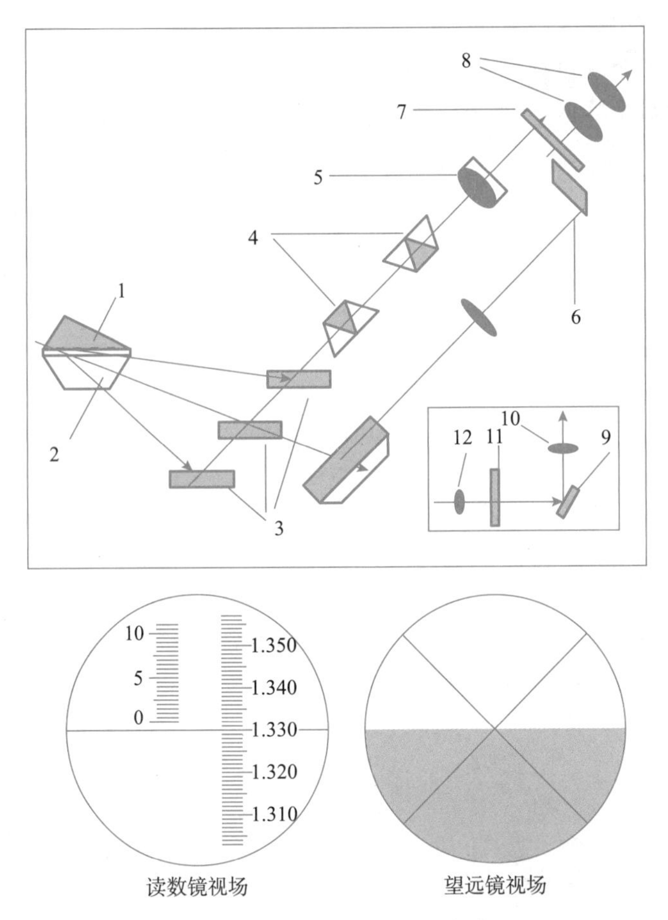

图 4-2　阿贝折射仪的光学部分

1—进光棱镜；2—折射棱镜；3—摆动反光镜；4—消色散棱镜组；5—望远物镜组；6—平行棱镜；7—分划板；8—目镜；9—读数物镜；10—反光镜；11—刻度板；12—聚光镜

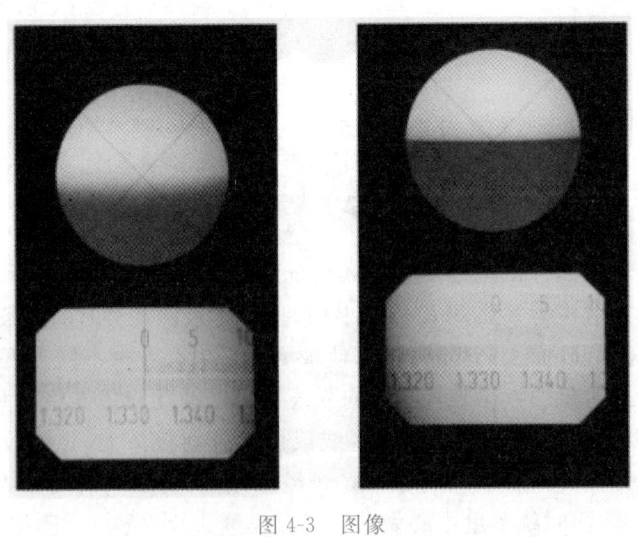

图 4-3　图像

情景模拟

鱼儿在清澈的水里面游动，你可以看得很清楚。然而，沿着你看见鱼的方向去叉它，却又叉不到。有经验的渔民都知道，只有瞄准鱼的下方才能把鱼叉到，如图 4-4 所示。当你站在岸边，看见清澈见底、深不过齐腰的水时，千万不要贸然下去，以免因为对水深估计不足，发生危险。我们知道这是由光的折射现象引起的，是因为光从一种介质进入另一种介质，或者在同一种介质中折射率不同的部分运行时，由于波速的差异，使光的运行方向发生了改变。

图 4-4　叉鱼

微课：阿贝折射仪正确使用

任务实施

1. 实验用品

（1）主要仪器：阿贝折射仪 1 台、超级恒温水浴 1 台。

（2）其他用品：擦镜纸或脱脂棉、标准玻璃块、蒸馏水（二级水）、无水乙醇、蔗糖、含糖饮料。

2. 测定前的准备

（1）配制蔗糖样品溶液。准确称取 10g（准确到小数点后四位）蔗糖试样放于 150mL 烧杯中，加 50mL 水溶解，放置 30min 后，将溶液转入 100mL 容量瓶中，置于(20±0.5)℃的恒温水浴中，恒温 20min，用(20±0.5)℃的蒸馏水稀释至刻度，备用。

（2）将阿贝折射仪放置于光线充足的位置，将恒温水浴与阿贝折射仪连接，调节恒温水浴温度，使仪器温度保持在(20.0±0.1)℃。

（3）清洗棱镜表面，松开锁紧手轮，开启下面的棱镜，滴 1～2 滴无水乙醇于镜面上，合上棱镜，过 1～2min 后打开棱镜，用擦镜纸或脱脂棉轻轻擦洗镜面，再用镜头纸或脱脂棉将溶剂吸干。

3. 仪器校正

用蒸馏水（二级水）校正阿贝折射仪。松开锁钮，开启下面的棱镜，滴 1～2 滴无水乙醇于镜面上。合上棱镜，过 1～2min 后打开棱镜，用擦镜纸轻轻擦洗镜面（注意：不能用滤纸擦）。待镜面干净后用二级蒸馏水校正。

用蒸馏水依上述方法清洗镜面 2 次，滴 1～2 滴蒸馏水于镜面上，关紧棱镜，转动左手刻度盘，使读数镜内标尺的读数等于蒸馏水的折射率，调节反射镜，使测量望远镜中的视场最亮。调节测量镜，使视场最清晰。转动消色调节器消除色散，使明暗交界和“×”字中心对齐，校正完毕，如图 4-5 所示。

4. 测定蔗糖溶液的折射率

(1) 重新清洗、擦干棱镜表面，用滴管向棱镜表面滴加数滴 20℃左右的蔗糖样品溶液，立即闭合棱镜并旋紧，应使样品均匀、无气泡并充满视场，待棱镜温度计读数恢复到(20.0±0.1)℃。

① 每次测定工作之前及进行示值校准时，必须将进光棱镜的毛面、折射棱镜的抛光面及标准试样的抛光面用蘸有乙醇或乙醚等挥发性溶剂的擦镜纸或脱脂棉轻轻擦拭干净，以免留有其他物质，影响成像清晰度和测量精度。

② 装入样品时，滴加量要适合，太少会产生气泡，导致观测不到清晰的明暗分界面；过多又会溢出，沾污仪器。

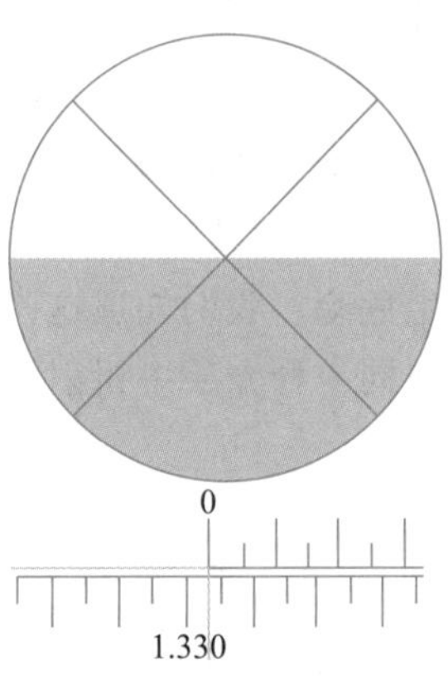

图 4-5　仪器校正

(2) 打开遮光板，合上反射镜，调节目镜视度，使“×”字成像清晰；旋转折射率刻度调节手轮，使视场中出现明暗界限，同时旋转色散棱镜手轮，使界限处所呈彩色完全消失，再旋转刻度调节手轮，使明暗界限在“×”字线中心，如图 4-6 所示。

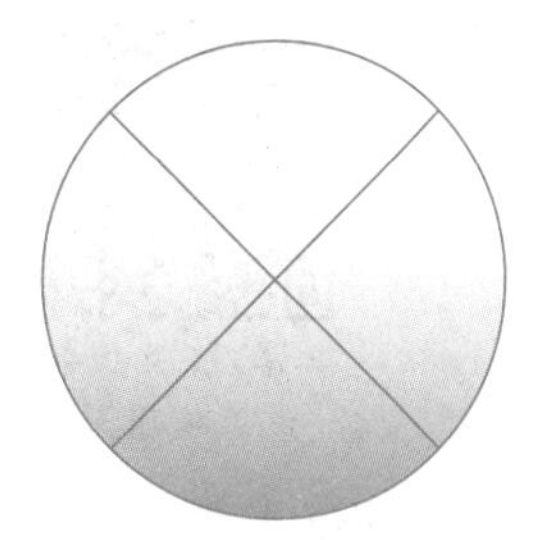

未调节右边旋钮前在右边目镜看到的图像，此时颜色是散的

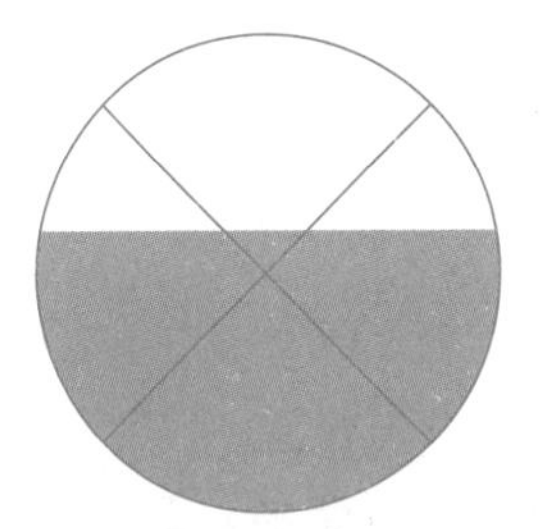

调节右边旋钮，直到出现明显的分界线为止

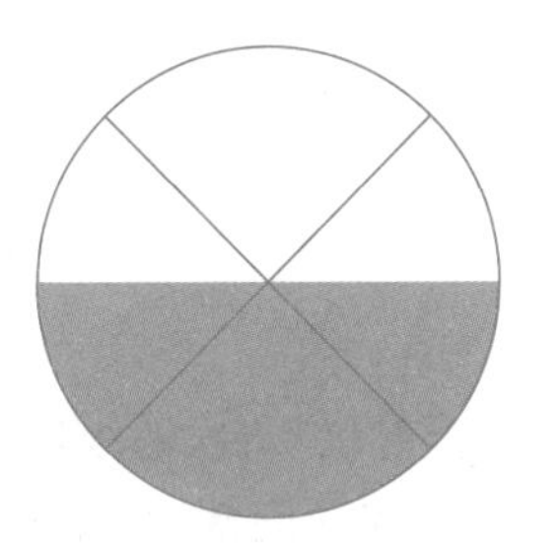

调节左边旋钮，使分界线经过交叉点为止并在左边目镜中读数

图 4-6　测定蔗糖溶液的折射率

微课：阿贝折射仪测定蔗糖折射率

(3) 观察读数镜视场中标尺下方所指示的刻度值，即为所测折射率值，估计读数至小数点后第四位。

5. 测定饮料中蔗糖的浓度

(1) 重新清洗棱镜，擦干棱镜表面，用滴管向棱镜表面滴加数滴 20℃左右的含糖饮料，重复“4. 测定蔗糖溶液的折射率”中的(1)、(2)操作。

(2) 观察读数镜中标尺上方所示的刻度值，即为所测饮料中蔗糖的浓度，读到小数点后第四位，平行测定 3 次，分别填入表 4-1。

(3) 测定完毕，必须擦净镜身各机件、棱镜表面并使之光洁；在测定水溶性样品后，用脱脂棉吸水洗净；若为油类样品，需用乙醇或乙醚、苯等擦净。

6. 数据记录与处理

将测定数据与处理结果记录于表 4-1 中。

表 4-1　数据记录与处理

<table>
<tr><td>样品名称</td><td colspan="2"></td><td>测定项目</td><td></td><td>测定方法</td><td></td></tr>
<tr><td>测定时间</td><td colspan="2"></td><td>环境温度</td><td></td><td>小组成员</td><td></td></tr>
<tr><td colspan="4">测定次数</td><td>1</td><td>2</td><td>3</td></tr>
<tr><td colspan="2" rowspan="4">蔗糖溶液折射率的测定</td><td colspan="2">蔗糖溶液的折射率</td><td></td><td></td><td></td></tr>
<tr><td colspan="2">平均值</td><td></td><td></td><td></td></tr>
<tr><td colspan="2">参考值</td><td></td><td></td><td></td></tr>
<tr><td colspan="2">相对平均偏差</td><td></td><td></td><td></td></tr>
<tr><td colspan="2" rowspan="4">饮料中蔗糖浓度的测定</td><td colspan="2">蔗糖溶液的浓度</td><td></td><td></td><td></td></tr>
<tr><td colspan="2">平均值</td><td></td><td></td><td></td></tr>
<tr><td colspan="2">参考值</td><td></td><td></td><td></td></tr>
<tr><td colspan="2">相对平均偏差</td><td></td><td></td><td></td></tr>
</table>

任务工单

折射率的测定任务工单如表 4-2 所示。

表 4-2　折射率的测定任务工单

<table>
<tr><td>任务名称</td><td colspan="3">折射率的测定</td><td>任务学时</td><td></td></tr>
<tr><td>实训班级</td><td></td><td>学生姓名</td><td></td><td>学生学号</td><td></td></tr>
<tr><td>组别</td><td></td><td>小组成员</td><td colspan="3"></td></tr>
<tr><td>实训场地</td><td></td><td>实训日期</td><td></td><td>任务成绩</td><td></td></tr>
<tr><td>任务目的</td><td colspan="5"></td></tr>
<tr><td>任务描述</td><td colspan="5"></td></tr>
<tr><td>主要仪器</td><td colspan="5"></td></tr>
<tr><td>主要试剂</td><td colspan="5"></td></tr>
<tr><td>计划决策</td><td colspan="5"></td></tr>
<tr><td>任务实施</td><td colspan="5">1. 原理描述：
2. 过程概述：
3. 数据记录：
4. 数据处理：
5. 实验结果与讨论：</td></tr>
<tr><td>任务总结</td><td colspan="5"></td></tr>
</table>

任务评价

折射率的测定任务评价表如表 4-3 所示。

表 4-3 折射率的测定任务评价表

<table>
<tr><th colspan="2" rowspan="2">评价项目</th><th rowspan="2">评价标准</th><th rowspan="2">配分</th><th colspan="3">评价</th></tr>
<tr><th>自评</th><th>互评</th><th>师评</th></tr>
<tr><td colspan="2" rowspan="4">知识与技能
(70%)</td><td>能阐述折射率的测定方法及原理</td><td>15</td><td></td><td></td><td></td></tr>
<tr><td>能正确使用仪器</td><td>15</td><td></td><td></td><td></td></tr>
<tr><td>能按步骤进行实验操作</td><td>20</td><td></td><td></td><td></td></tr>
<tr><td>正确记录数据,并对数据进行处理</td><td>20</td><td></td><td></td><td></td></tr>
<tr><td rowspan="3">工作过程
(30%)</td><td>工作态度</td><td>态度端正,积极参与学习活动,无无故缺勤、迟到、早退现象</td><td>10</td><td></td><td></td><td></td></tr>
<tr><td>协调能力</td><td>能与小组成员、同学间合作交流、协调工作,促进任务完成</td><td>10</td><td></td><td></td><td></td></tr>
<tr><td>职业素质</td><td>能识别危险因素,排除安全隐患,做到遵规守纪、安全文明、灵活应用、认真仔细、规范操作、实事求是、爱护仪器、有节约意识</td><td>10</td><td></td><td></td><td></td></tr>
<tr><td colspan="3">合 计</td><td>100</td><td></td><td></td><td></td></tr>
<tr><td colspan="7">综合得分(自评分×30%+互评分×20%+师评分×50%):</td></tr>
<tr><td colspan="7">学习体会:

教师签字:</td></tr>
</table>

【知识拓展】

WYA-2S 数字阿贝折射仪

WYA-2S 数字阿贝折射仪如图 4-7 所示,采用目视瞄准、背光液晶显示,用于测定透明、半透明液体或固体的折射率及糖水溶液中干固物的百分含量,棱镜采用硬质玻璃,不易磨损,配有标准打印接口,可直接打印输出数据,被广泛使用于石油、化工、制药、制糖、食品工业等,以及有关高等院校和科研机构。

WAY-2S 数字阿贝折射仪主要技术参数如下。

测量范围:1.3000～1.7000。

测量示值误差:±0.0002。

测量分辨率:0.0001。

蔗糖溶液质量分数(锤度 Brix)读数范围:0～100%。

测量示值误差(锤度 Brix):±0.1%。

测量分辨率(锤度 Brix):0.1%。

温度显示范围:0～50℃。

输出方式:RS-232。

图 4-7 WYA-2S 数字阿贝折射仪

电源:220～240V,频率(50±1)Hz。

【思考与练习】

一、填空题

1. 折射率是光线在________中传播的速度与其在其他________中传播的速度之比。

2. 阿贝折射仪测定折射率是基于测定________的原理。

3. 折射率不仅与物质的________有关,而且与________、________等因素有关。因此,表示折射率时必须注明________和________。折射率用符号________表示,其中 t 为测定时的温度,一般规定为________℃,D 为黄色钠光,波长为 589.0～589.6nm。

4. 阿贝折射仪的主要部件是两块直________,上面一块表面光滑,为________棱镜;下面一块是磨砂面的,为________棱镜。

5. 阿贝折射仪经校正后才能使用,可用________和________校正,________的折射率为 1.3330。

6. 折射率测定完毕,应立即用乙醚擦拭________表面,晾干后,关闭棱镜。

二、简答题

1. 通过本实训,总结折射率的测定有哪些应用。

2. 阿贝折射仪如何校正?

3. 测定折射率时,试样加入量和易挥发产品应注意什么?

任务五　比旋光度的测定

【任务描述】

《中华人民共和国药典》中，在肾上腺素的性状项下有如下内容：【比旋光度】取本品，精密称定，加盐酸溶液(9→200)溶解并定量稀释制成每 1mL 中含 20mg 的溶液，以法测定，比旋光度为－50.0°～－53.5°。通过测定旋光度(旋光角)和比旋光度，可以检验具有旋光活性的物质的纯度，也可定量分析其含量及溶液的浓度。

【任务目标】

知识目标

- 认识旋光仪，掌握其测定原理；
- 了解比旋光度的测定原理及方法。

技能目标

- 掌握旋光仪的使用方法；
- 掌握比旋光度的测定过程，能熟练、准确地测定物质的比旋光度；
- 能正确处理数据，撰写比旋光度检测报告。

素质目标

- 培养严谨规范、务实求真的工作态度；
- 培养实事求是、耐心细致的科学素养；
- 培养团结协作、精益求精的职业操守；
- 培养遵章守纪、安全环保的行为习惯。

知识准备

一、旋光度的定义

有些化合物，因其分子中有不对称结构，具有手性异构，如果将这类化合物溶解于适当的溶剂中，当偏振光通过这种溶液时，偏振光的振动方向(振动面)会发生旋转，产生旋光现象，如图 5-1 所示，这种特性称为物质的旋光性，此种化合物称为旋光性物质。偏振光通过旋光性物质后，振动方向(振动面)旋转的角度称为旋光度(旋光角)，用 θ 或 α 表示，如图 5-2 所示。能使偏振光的振动方向向右旋转(顺时针旋转)的旋光性物质称为右旋体，以"＋"表示，能使偏振光的振动方向向左旋转(逆时针旋转)的旋光性物质称为左旋体，以"－"表示。

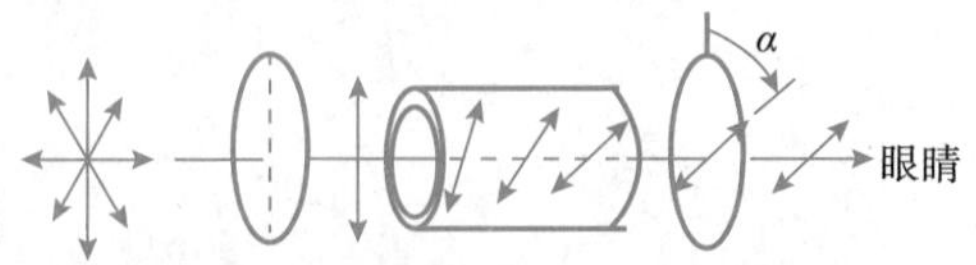

图 5-1　旋光现象

影响旋光性大小的因素有旋光度的大小与分子的结构、测定时溶液的浓度、旋光管的长度、测定时的温度、溶剂的种类、光波的波长。

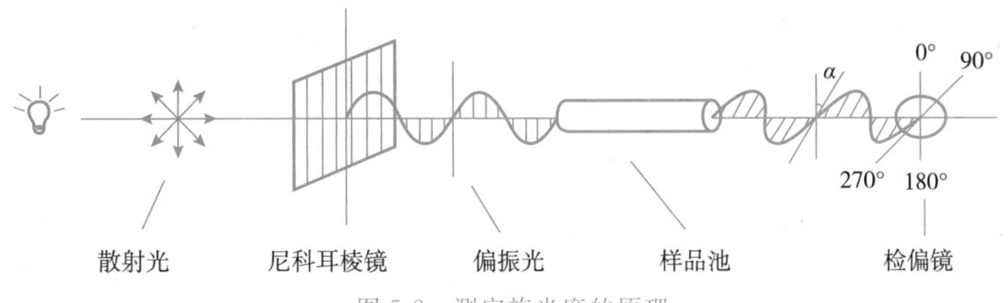

图 5-2　测定旋光度的原理

二、旋光仪

旋光仪(图 5-3)是测定旋光性物质旋光度的仪器,其结构如图 5-4 所示。通过对样品旋光度的测量,可以分析确定物质的浓度、含量及纯度等。从光源发出的自然光通过起偏镜,变为在单一方向上振动的偏振光,当此偏振光通过盛有旋光性物质的旋光管时,振动方向旋转了一定的角度,此时调节附有刻度盘的检偏镜,使最大量的光线通过,检偏镜所旋转的度数和方向显示在刻度盘上,这个所旋转的角度就是该待测物质溶液的旋光度。

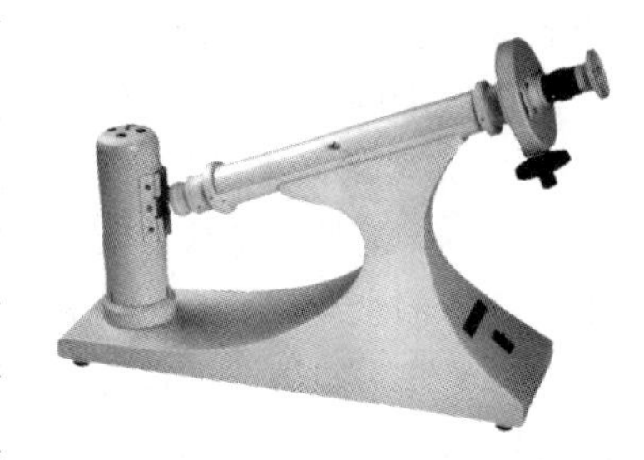

图 5-3　旋光仪

旋光仪广泛应用于制药、药检、制糖、食品、香料、味精及化工、石油等工业生产,科研、教学部门用于化验分析或过程质量控制。

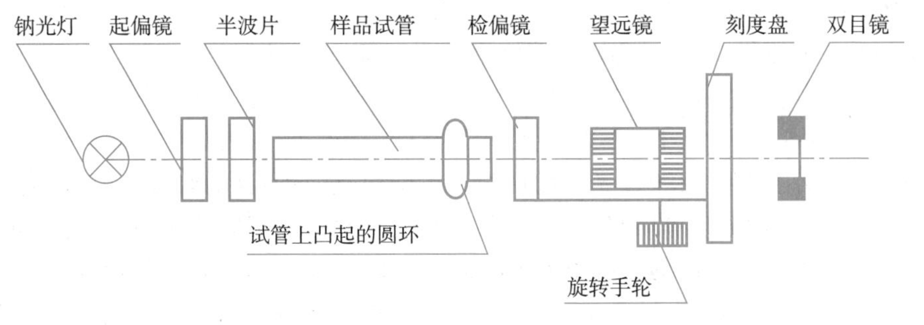

图 5-4　旋光仪的结构

三、旋光仪的使用方法

1. 零点的校正

(1) 将旋光仪的电源接通,开启仪器的电源开关,约 5min 后待钠光灯正常发光后,开始进行零点校正。

(2) 取一支长度适宜(一般为 2dm)的旋光管(图 5-5),洗净后注满(20±0.5)℃的蒸馏水,装上橡皮垫圈,旋紧两端的螺母(以不漏水为准),把旋光管内的气泡排至旋光管的凸出部分,擦干管外的水。

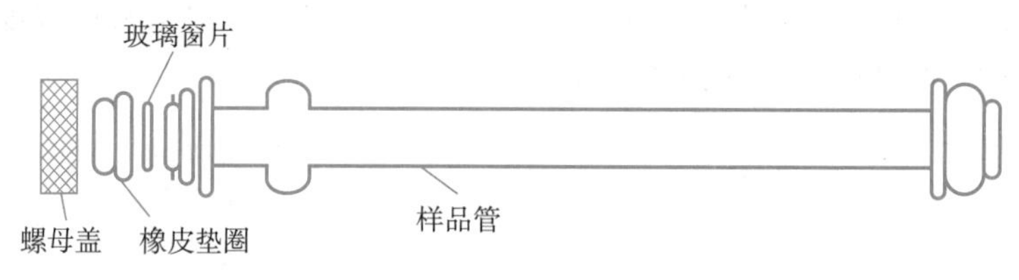

图 5-5 旋光管的结构

(3) 将旋光管放入镜筒内,调节目镜使视场明亮、清晰,然后轻缓地转动刻度盘转动手轮至视场的三分视界消失,记下刻度盘的读数,准确至 0.05。再旋转刻度盘转动手轮,使视场明暗分界后,再缓缓旋至视场的三分视界消失,如此操作、记录 3 次,取平均值作为零点。

2. 试样的测定

将旋光管中的水倾出,用试样溶液清洗旋光管,然后注满(20±0.5)℃的试样溶液,装上橡胶圈,旋紧两端的螺母,将气泡赶至旋光管的凸出部分,擦干管外的试液。重复步骤 1 零点的校正中的(2)、(3)操作。

3. 测定注意事项

(1) 不论是校正仪器零点还是测定试样,只能极其缓慢地旋转刻度盘;否则就观察不到视场亮度的变化,通常零点校正的绝对值在 1°以内。

(2) 若不知试样的旋光性,应先确定其旋光性方向后,再进行测定。此外,试液必须清晰、透明,若出现浑浊或悬浮物,必须先处理成清液后再测定。

(3) 仪器应放在空气流通和温度适宜的地方,以免光学部件、偏振片受潮发霉及性能衰减。

(4) 钠光灯管的使用时间不宜超过 4h,长时间使用时应用电风扇吹风或中间关熄 10~15min,待冷却后再使用。

(5) 旋光管使用后,应及时用水或蒸馏水冲洗干净,擦干放好。

四、比旋光度的计算

旋光度的大小主要取决于旋光性物质的分子结构,也与溶液的浓度、液层厚度、入射偏振光的波长、测定时的温度等因素有关。同一旋光性物质,在不同的溶剂中,有不同的旋光度和旋光方向。由于旋光度的大小受诸多因素的影响,故缺乏可比性。一般规定:以黄色钠光为光源,波长为 589nm,以 D 表示。在 20℃时,偏振光透过 1mL 含 1g 旋光性物质、液层厚度为 1dm(10cm)的溶液时的旋光度,称为比旋光度,用符号$[\alpha]_D^{20}$ 表示。由旋光仪测得旋光角度后,可以根据下式计算旋光度。

纯液体的比旋光度为

$$[\alpha]_D^{20}=\frac{\alpha}{l\rho}$$

溶液的比旋光度为

$$[\alpha]_D^{20}(s)=\frac{\alpha}{lC}$$

式中,α——校正后的旋光度,(°);

ρ——液体在 20℃时的密度,g/mL;

C——溶液的浓度，g/mL；

l——旋光管的长度（液层厚度），dm；

20——测定时的温度，℃；

s——所用的溶剂。

情景模拟

食物中的糖类化合物是自然界存在最多、分布最广的一类重要的有机化合物。葡萄糖、蔗糖、淀粉和纤维素等都属于糖类化合物。果糖（$C_6H_{12}O_6$）是一种简单的糖（单糖），极易溶于水，在许多食品中存在，它和葡萄糖、半乳糖一起构成了血糖的 3 种主要成分。蜂蜜、水果、浆果及一些根类蔬菜，如甜菜、甜土豆、萝卜、洋葱等含有果糖，通常与蔗糖、葡萄糖一起形成化合物。果糖也是蔗糖分解的产物，蔗糖是一种双糖，在消化过程中，由于酶的催化特性而分解为葡萄糖和果糖。果糖是甜度最高的天然糖，在食品中主要作为甜味剂使用。

旋光度（比旋光度）是果糖生产技术指标中很重要的一个指标，测定旋光度是果糖产品检验的一项重要内容。下面请跟随我们一起学习比旋光度的测定。

【知识窗】

我们日常见到的日光、火光、灯光等都是自然光。根据光的波动学说，光是一种电磁波，是横波，光波在与它前进的方向相互垂直的许多个平面上振动。当自然光通过一种特制的玻璃片、偏振片或尼科耳棱镜时，透过的光线只在一个平面内振动，这种光称为偏振光，偏振光的振动平面称为偏振面。

任务实施

下面通过测定比旋光度测定葡萄糖的纯度。

微课：葡萄糖的比旋度测定

1. 实验用品

（1）主要仪器：旋光仪、分析天平、容量瓶、烧杯、胶头滴管、玻璃棒。

（2）主要试剂：蒸馏水、氨水（浓）、葡萄糖试样。

2. 操作步骤

1）旋光仪零点的校正

将旋光仪的电源接通，开启仪器的电源开关，约 5min 后待钠光灯正常发光后，开始进行零点校正。取一支长度适宜（一般为 2dm）的旋光管，洗净后注满（20±0.5）℃的蒸馏水，装上橡皮垫圈，旋紧两端的螺母（以不漏水为准），把旋光管内的气泡排至旋光管的凸出部分，擦干管外的水。将旋光管放入镜筒内，调节目镜使视场明亮、清晰，然后轻缓地转动刻度盘转动手轮至视场的三分视界消失，但不是全黑视界，记下刻度盘的读数，准确至 0.05。再旋转刻度盘转动手轮，使视场明暗分界后，再缓缓旋至视场的三分视界消失，如此操作、记录 3 次，取平均值作为零点。

2）配制试样溶液

准确称取 11g（准确至小数点后 4 位）葡萄糖试样于 150mL 烧杯中，加 50mL 水溶解（需加 0.2mL 浓氨水，避免溶液混浊），放置 30min 后，将溶液转入 100mL 容量瓶中，置于（20±0.5）℃的恒温水浴中恒温 20min，用（20±0.5）℃的蒸馏水稀释至刻度，备用。

3）试样测定

将旋光管中的水倾出，用试样溶液清洗旋光管，然后注满(20±0.5)℃的试样溶液，装上橡皮垫圈，旋紧两端的螺母，将气泡赶至旋光管的凸出部分，擦干管外的试液。重复步骤1）中的操作。

3. 数据记录与处理

按下式计算样品的纯度：

$$纯度=\frac{\alpha V}{l[\alpha]_D^{20}m}\times 100\%$$

将测定数据与处理结果记录于表5-1中。

表5-1 葡萄糖纯度的测定数据记录与处理

样品名称		测定项目		测定方法	
测定时间		环境温度		小组成员	
测定次数		1	2	3	4
旋光管长度/cm					
零点读数					
零点平均值					
称取被测试样质量/g					
被测试样溶液体积/mL					
恒温槽温度/℃					
测定试样旋光度/(°)					
葡萄糖纯度计算公式					
计算结果					
算术平均值					
相对平均偏差/%					
文献值(葡萄糖的标准比旋光度)					

4. 注意事项

(1) 正确、安全使用旋光仪。

(2) 正确使用普通玻璃仪器。

(3) 安全用水、用电。

任务工单

比旋光度的测定任务工单如表5-2所示。

表 5-2　比旋光度的测定任务工单

<table>
<tr><td>任务名称</td><td colspan="3">比旋光度的测定</td><td>任务学时</td><td></td></tr>
<tr><td>实训班级</td><td></td><td>学生姓名</td><td></td><td>学生学号</td><td></td></tr>
<tr><td>组别</td><td></td><td>小组成员</td><td colspan="3"></td></tr>
<tr><td>实训场地</td><td></td><td>实训日期</td><td></td><td>任务成绩</td><td></td></tr>
<tr><td>任务目的</td><td colspan="5"></td></tr>
<tr><td>任务描述</td><td colspan="5"></td></tr>
<tr><td>主要仪器</td><td colspan="5"></td></tr>
<tr><td>主要试剂</td><td colspan="5"></td></tr>
<tr><td>计划决策</td><td colspan="5"></td></tr>
<tr><td>任务实施</td><td colspan="5">1. 原理描述：
2. 过程概述：
3. 数据记录：
4. 数据处理：
5. 实验结果与讨论：</td></tr>
<tr><td>任务总结</td><td colspan="5"></td></tr>
</table>

任务评价

比旋光度的测定任务评价表如表 5-3 所示。

表 5-3　比旋光度的测定任务评价表

评价项目		评价标准	配分	评价		
				自评	互评	师评
知识与技能（70%）		能阐述比旋光度的测定方法及原理	15			
		能正确使用仪器	15			
		能按步骤进行实验操作	20			
		正确记录数据，并对数据进行处理	20			
工作过程（30%）	工作态度	态度端正，积极参与学习活动，无无故缺勤、迟到、早退现象	10			
	协调能力	能与小组成员、同学间合作交流、协调工作，促进任务完成	10			
	职业素质	能识别危险因素，排除安全隐患，做到遵规守纪、安全文明、灵活应用、认真仔细、规范操作、实事求是、爱护仪器、有节约意识	10			
合　计			100			
综合得分（自评分×30%＋互评分×20%＋师评分×50%）：						
学习体会： 教师签字：						

【知识拓展】

旋光仪起偏镜和检偏镜的作用

起偏镜和检偏镜为两个偏振片。当钠光射入起偏镜后，射出的为偏振光，此偏振光又射入检偏镜。如果这两个偏振片的方向相互平行，则偏振光可不受阻碍地通过检偏镜，观测者在检偏镜后可看到明亮的光线。当慢慢转动检偏镜，观测者可看到光线逐渐变暗。当旋至90°，即两个偏振片的方向相互垂直时，偏振光被检偏镜阻挡，视野呈全黑。如果在测量光路中先不放入装有旋光性物质的旋光管，此时转动检偏镜使其与起偏镜的方向垂直，则偏振光不能通过检偏镜，那么在目镜上看不到光亮，视野全黑。此时刻度盘应指示为零，即为仪器的零点。然后将装有旋光性物质的旋光管放在光路中，因为偏振光被旋光性物质旋转了一个角度，使部分光线通过检偏镜，所以目镜又呈现光亮。此时再旋转检偏镜，使其振动方向与透过旋光性物质以后的偏振光方向相互垂直，则目镜视野再次呈现全黑。此时检偏镜在刻度盘上旋转过的角度即为旋光性物质的旋光度。

【思考与练习】

简答题

1. 什么是物质的旋光度？
2. 旋光性物质的旋光度大小与哪些因素有关？

任务六　流体黏度的测定

【任务描述】

流体黏度是评价流体流动性的一项特性物理指标，它反映了流体分子在运动过程中相互作用的强弱。在实际工作中，通过测定油品的黏度，可以鉴别油品的汽化性能及雾化的好坏；通过测定血液的黏度，可以为临床许多疾病，特别为血栓前状态和血栓性疾病的诊治和预防提供一定的参考依据。本任务以毛细管黏度计法、恩氏黏度计法、旋转黏度计法为载体，详细介绍常见流体黏度的测定原理和方法，帮助大家完成油品、人体血液等样品的黏度测定工作。

【任务目标】

知识目标

- 认识绝对黏度、运动黏度、相对黏度和条件黏度的定义及测定意义；
- 了解常见流体黏度的测定原理及方法。

技能目标

- 掌握毛细管黏度计、恩氏黏度计、旋转黏度计的工作原理和操作方法；
- 掌握黏度的测量过程，能熟练、准确地测量流体的黏度；
- 会撰写流体黏度的检测报告；
- 进一步学习超级恒温槽、温度控制器的使用方法。

素质目标

- 培养严谨认真的科学态度；
- 培养爱岗敬业的职业操守；
- 培养团结协作的团队意识；
- 培养规范操作的行为习惯。

知识准备

一、黏度的定义

黏度又称黏滞系数，是量度流体黏滞性大小的物理量。牛顿以图 6-1 所示的模式来定义流体的黏度，流体中相距 dx 的两平行液层，由于内摩擦，使垂直于流动方向的液层间存在速度梯度 dv/dx，当速度梯度为 1 个单位时，相邻流层接触面 S 上所产生的黏滞力 F（也称内摩擦力）即黏度用 η 表示。其公式为 $\eta=\dfrac{F/S}{dv/dx}$，单位为 Pa·s。

黏度的大小与物质的组成有关，质点间的相互作用力越大，黏度越大。组成不变时，流体的黏度随温度的上升而下降（气体与此相反），其关系可粗略地表示为

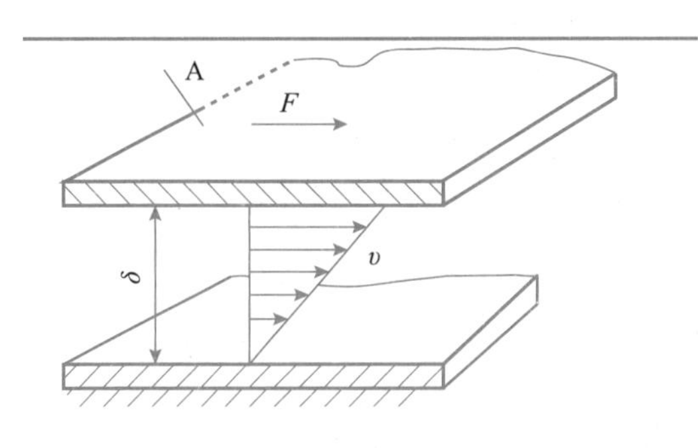

图 6-1 牛顿定义的黏度模式

$$\eta = \eta_0 \exp\left(\frac{E}{KT}\right)$$

式中，η_0——常数；

E——激活能；

K——玻尔兹曼常数；

T——绝对温度。

当流体在外力作用下，相邻两层流体分子之间存在的内摩擦力阻滞流体的流动，这种特性称为流体的黏滞性。黏度是流体分子之间摩擦力的量度，摩擦力越大，黏度越大。黏度还与流体的温度有关，液体的黏度随温度的升高而减小，气体的黏度随温度的升高而增大。因此，测定黏度时必须注明温度。压力变化时，液体的黏度基本不变，气体的黏度随压力的增加而增大很少。

二、黏度的物理意义

黏度是指流体对流动所表现的阻力。当流体（气体或液体）的一部分在另一部分上面流动时，就会受到阻力，这是流体的内摩擦力。要使流体流动，就需要在流体流动方向上加上切线力以对抗阻力作用。

黏度 η 的物理意义是在相距单位距离的两液层中，使单位面积液层维持单位速度差所需的切线力。其单位在“厘米-克-秒单位制”中为泊[g/(cm · s)]，在国际单位制中为帕斯卡 · 秒[Pa · s 或 kg/(m · s)]，1 泊＝0.1 帕 · 秒。

黏度的大小取决于流体的性质与温度。因此，要测定黏度，必须准确地控制温度的变化才可以。黏度参数的测定，对于预测产品生产过程的工艺控制、输送性，以及产品在使用时的操作性，具有重要的指导价值，在印刷、医药、卫生、石油、汽车等诸多行业有着重要的实际意义。

三、黏度的分类

黏度通常分为绝对黏度、运动黏度、相对黏度和条件黏度。

1. 绝对黏度

绝对黏度又称动力黏度，是当两个面积为 $1\mathrm{m}^2$、垂直距离为 1m 的相邻液层，以 1m/s 的速度做相对运动时所产生的内摩擦力，常用 η 表示。当内摩擦力为 1N 时，该液体的黏度为 1，单位为 Pa · s（$\mathrm{N \cdot s/m^2}$）。在温度为 t（单位为℃）时，绝对黏度用 η_t 表示。

2. 运动黏度

运动黏度是流体的绝对黏度与该流体在同一温度下的密度之比，以 ν 表示，即 $\nu=\frac{\eta}{p}$，单位是 m^2/s，在温度为 t（单位为℃）时，运动黏度用 ν_t 表示。

3. 相对黏度

相对黏度是指流体的运动黏度与同温度下水的动力黏度之比，为无量纲量。相对黏度有时也指高分子溶液的动力黏度与同温度下纯溶剂的动力黏度之比，用 η_r 表示，即 $\eta_r=\frac{\eta}{\eta_s}$。

4. 条件黏度

条件黏度是在规定温度下、特定的黏度计中，一定量液体的流出时间，或者是此流出时间与在同一仪器中、规定温度下的另一种标准液体（通常是水）的流出时间之比。根据所用仪器和条件的不同分为恩氏黏度、赛氏黏度、雷氏黏度。

1）恩氏黏度

恩氏黏度又称恩格勒（Engler）黏度，是指一定量的试样在规定温度（如 50℃、80℃、100℃）下，从恩氏黏度计流出 200mL 试样所需的时间与在 20℃流出相同体积（200mL）的纯水所需要的时间（秒）之比。当温度为 t（单位为℃）时，恩氏黏度用符号 E_t 表示，恩氏黏度的单位为条件度。

2）赛氏黏度

赛氏黏度即赛波特（Sagbolt）黏度，是指一定量的试样在规定温度下，从赛氏黏度计流出 200mL 所需的时间，以 s 为单位表示。赛氏黏度又分为赛氏通用黏度和赛氏重油黏度（或赛氏弗罗黏度）两种。

3）雷氏黏度

雷氏黏度即雷德乌德（Redwood）黏度，是指一定量的试样在规定温度下，从雷氏度计流出 50mL 所需的时间，以 s 为单位表示。雷氏黏度又分为雷氏 1 号（Rt 表示）和雷氏 2 号（用 RAt 表示）两种。

四、黏度的测定方法

常用的黏度测定方法有毛细管黏度计法、恩氏黏度计法、旋转黏度计法。

（一）毛细管黏度计法

毛细管黏度计法通常用于运动黏度的测定。

1. 测定原理

在一定温度下，当液体在已被液体完全润湿的毛细管中流动时，其运动黏度与流动的时间成正比。若用已知运动黏度的液体（常用 20℃时的纯水）为标准，测量其在毛细管中流动的时间，再用该黏度计测量试样在其中的流动时间，即可由下式计算出试样的黏度：

$$\frac{\nu_t^{样}}{\nu_t^{标}}=\frac{\tau_t^{样}}{\tau_t^{标}}$$

$$\nu_t^{样}=\frac{\nu_t^{标}\cdot\tau_t^{样}}{\tau_t^{标}} \tag{6-1}$$

式中，$\nu_t^{标}$——标准液体在一定温度下的运动黏度；

$\tau_t^{标}$——标准液体在黏度计中的流出时间；

$\nu_t^{样}$——试样液体在一定温度下的运动黏度；

$\tau_t^{样}$——试样液体在黏度计中的流出时间。

$\nu_t^{标}$ 是已知的，$\tau_t^{标}$ 是一定值，所以对于一定的毛细管黏度计，$\frac{\nu_t^{标}}{\tau_t^{标}}$为一常数，称为该黏度计的黏度常数，以 K 表示，则式(6-1)可改写为

$$\nu_t^{样}=K\cdot\tau_t^{样} \tag{6-2}$$

由此可见，在测定某一试液的运动黏度时，只需测定毛细管黏度计的黏度计常数，再测出指定温度时试液的流出时间，即可计算出其运动黏度 $\nu_t^{样}$。

2. 测定仪器

(1) 毛细管黏度计：两种毛细管黏度计的结构如图 6-2 所示。一般毛细管黏度计一组有 13 支，毛细管内径(单位：mm)分别为 0.40、0.6、0.8、1.0、1.2、1.5、2.0、2.5、3.0、3.5、4.0、5.0、6.0。

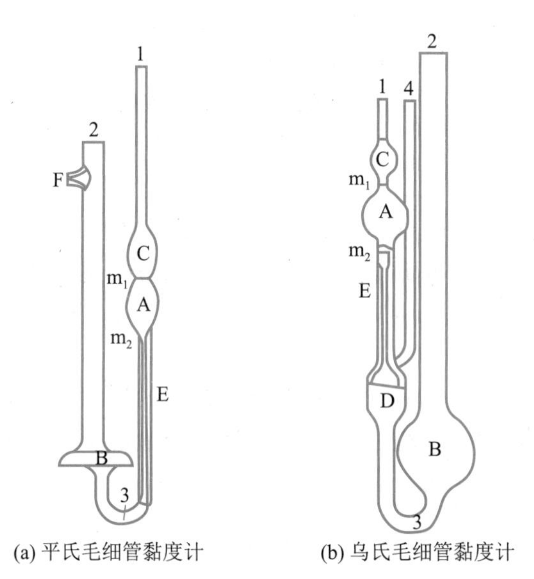

图 6-2　两种毛细管黏度计的结构

1—主管；2—宽管；3—弯管；4—侧管

A—测定球；B—储器；C—缓冲球；D—悬挂水平储器；E—毛细管；F—支管；m_1，m_2——环形测定线

毛细管黏度计的选用原则：选用的黏度计应使试样流出时间在 120～480s 内。在 0℃及更低温度下测定高黏度试样时，流出时间可增加至 900s；在 20℃测定液体燃料时，流出时间可减少至 60s。

(2) 恒温浴：容积不小于 2L，高度不小于 180mm，带有自动控温仪及自动搅拌器，并有透明壁及观察孔。

(3) 温度计：测定运动黏度专用温度计，分度值为 0.1℃。

(4) 秒表：通用秒表，最小分度值为 0.1s。

(5) 恒温浴液：根据测定所需温度的不同，选用适当的恒温液体。不同温度下使用的恒温液体如表 6-1 所示。

表 6-1　不同温度下使用的恒温液体

测定温度/℃	恒温液体
50～100	透明矿物油、甘油或25%硝酸铵水溶液(表面应浮有一层透明的矿物油)
20～50	水
0～20	水和冰的混合物或乙醚、冰与干冰的混合物
−50～0	乙醇与干冰的混合物(无乙醇时,可用无铅汽油代替)

3. 测定方法

(1) 根据毛细管选择原则选择合适的毛细管黏度计,将其洗涤干净,风干备用。

(2) 如图 6-2(a)所示,在支管 F 处接一支长为 200～300mm 的橡皮管,用软木塞塞紧宽管 2 的出口。然后倒转黏度计,将主管 1 插入已知运动黏度的标准试样(通常为 20℃的蒸馏水)中。以洗耳球向橡皮管吸气,至标准试样进入黏度计主管 1,经缓冲球 C 到测定球 A,并升至环形测定线 m_2(管内不得有气泡)。捏紧橡皮管,取出黏度计,倒转,迅速擦干管壁。

(3) 取下橡皮管,接在主管管口处,垂直固定黏度计于恒温浴中,黏度计上侧悬一支温度计,并使温度计水银球恰在毛细管的中点。调整恒温浴温度为 20℃,恒温 10min 以上。

(4) 用洗耳球自橡皮管吸气至标准试样液面升至测定线 m_1 以上约 10mm 处,停止吸气,待液体自由下降至测定线 m_1 时,按动秒表,液面降至测定线 m_2 时按停秒表。重复 4 次以上操作。

(5) 用试样代替标准试样重复上述操作。

(6) 按公式可算出试样的黏度,结果取平均值。

(二) 恩氏黏度计法

恩氏黏度计法主要适用于测定条件黏度。

1. 测定原理

利用不同的液体流出同一黏度计的时间与黏度成正比。在一定温度下(一般为 50℃、100℃),分别测定试样由恩氏黏度计流出 200mL 所需的时间(单位为 s)和同样量的蒸馏水在 20℃由同一黏度计流出的时间,即黏度计的水值 K_{20},根据式(6-3)即可计算出试样的恩氏黏度 E_t:

$$E_t=\frac{\tau_t}{K_{20}} \tag{6-3}$$

式中,E_t——试样在温度为 t(单位为℃)时的恩氏黏度;

τ_t——试样在温度为 t(单位为℃)时从恩氏黏度计中流出 200mL 所需的时间,s;

K_{20}——黏度计的水值,s。

2. 测定仪器

(1) 恩氏黏度计:其结构如图 6-3 所示,是将两个黄铜圆形容器套在一起,内容器 2 装试样,外容器 4 为热浴。内容器底部中央有流出孔 10,试液可从小孔流入接收量瓶 11。筒上有盖,盖上有木塞插孔 5 及温度计插孔 3。内筒中有 3 个尖钉 8,作为控制液面高度和仪器水平的水平器。外筒装在铁制的铁三脚架 1 上,脚底有水平调节螺钉 12。黏度计热浴一般用自动电加热器加热。

(2) 接收量瓶:有一定尺寸规格的葫芦形玻璃瓶,上面刻有 100mL、200mL 两道测定线。

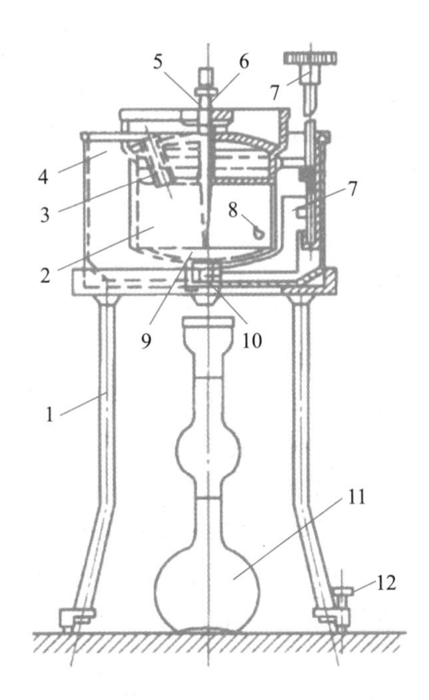

图 6-3　恩氏黏度计的结构

1—铁三脚架；2—内容器；3—温度计插孔；4—外容器；5—木塞插孔；6—木塞；
7—搅拌器；8—尖钉；9—球面形底；10—流出孔；11—接收量瓶；12—水平调节螺钉

(3) 电加热控温器：SYD-265D，控温精度为±0.1℃。

(4) 温度计：恩氏黏度计的专用温度计，分度值为0.1℃。

3. 测定方法

(1) 将黏度计的内筒洗净，并干燥。

(2) 将木塞塞紧内筒的流出孔，注入一定量的蒸馏水，至恰好淹没3个尖钉。调整水平调节螺钉并微提起堵塞棒至3个尖钉刚露出水面并使它们在同一水平面上，且流出孔下口悬留有一大滴水珠，塞紧堵塞棒，盖上内筒盖，插入温度计。

(3) 向外筒中注入一定量的水至内筒的扩大部分，插入温度计。然后轻轻转动内筒盖，并转动搅拌器，至内筒水温均为20℃(5min内变化不超过±0.2℃)。

(4) 置清洁、干燥的接收量瓶于黏度计下方并使其正对流出孔。迅速提起堵塞棒，并同时按动秒表，当接收量瓶中的水面达到200mL测定线时，按停秒表，记录流出时间。重复测定4次，若偏差不超过0.5s，取其平均值作为黏度计的水值 K_{20}。

(5) 将内筒和接收量瓶中的水倾出，并干燥。以试样代替内筒中的水，调节至要求的特定温度，按上述测定水值的方法测定试样流出时间。

上述步骤重复测定4次。平行测定值在250s以下时，允许相差1s；平行测定值为251～500s时，允许相差3s；平行测定值为501～1000s时，允许相差5s；平行测定值在1000s以上时，允许相差10s。

(6) 按公式计算试样的恩氏黏度，结果取平均值。

(三) 旋转黏度计法

旋转黏度计法主要用于测定绝对黏度。

1. 测定原理

将特定的转子浸于被测液体中做恒速旋转运动，使液体接受转子与容器壁面之间发生的切应力，维持这种运动所需的扭力矩由指针显示读数，根据此读数 α 和系数 K，可求得试样的绝对黏度的计算公式如下：

$$\eta = K \cdot \alpha \tag{6-4}$$

2. 测定仪器

(1) NDJ-5S 型旋转黏度计：测定主设备，其结构如图 6-4 所示。

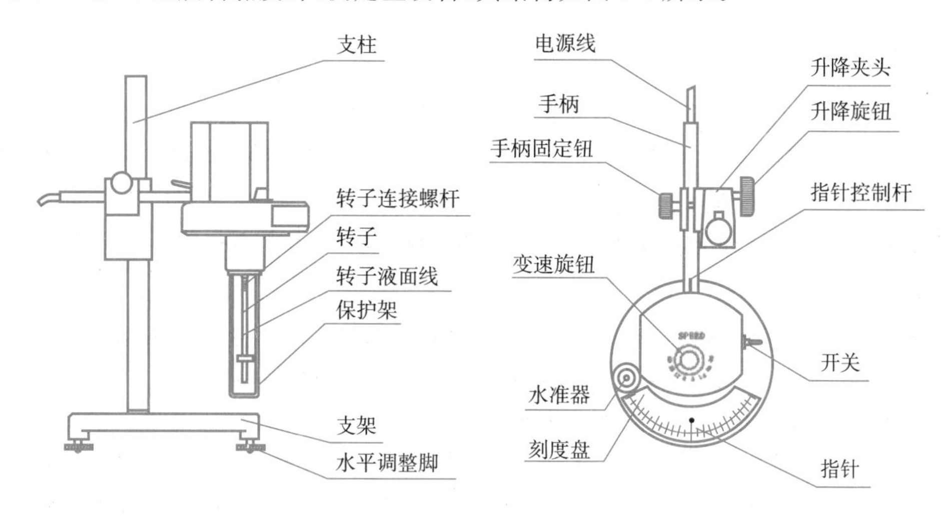

图 6-4　旋转黏度计的结构

(2) 超级恒温槽：温度波动范围小于±0.1℃。

【知识窗】

超级恒温槽的使用方法及注意事项如下。

(1) 使用超级恒温槽前，槽内应加入适当的液体介质，当液面低于工作台面 30mm 时不能开机，以防烧坏加热管。特别注意不能干烧。

(2) 超级恒温槽的工作电源为 AC 220V/50Hz，设备必须良好接地。

(3) 不要去按控制面板上的循环泵强制开关按键和制冷压缩机强制开关按键，除非有特殊的需要。

(4) 超级恒温槽应安置于通风干燥处，后背及两侧离开障碍物 300mm 以上距离。

(5) 超级恒温槽使用完毕，将电源开关置于关机位置，拔下电源插头。若长期不使用，则应放掉槽内液体，并擦洗干净。

(6) 在 60℃以上高温时，当心碰着恒温槽表面，以免烫伤。

(3) 测定容器：直径不小于 70mm、高度不低于 110mm 的容器或烧杯。

3. 测定方法

(1) 先估计被测试液的黏度范围，然后根据仪器的量程表选择适当的转子和转速，使读数在刻度盘的 20%～80%范围内。

(2) 把保护架装在仪器上，将选好的转子擦净后旋入转子连接螺杆。旋转升降旋钮，使仪器缓缓下降，转子逐渐浸入被测试样中，直至转子液面线和液面相平为止。

(3) 将测试容器中的试样和转子恒温至(20±0.1)℃，并保持试样温度均匀。

(4) 调整仪器水平，按下指针控制杆，开启电动机开关，转动变速旋钮，使所需的转速数对准速度指示点；放松指针控制杆，让转子在被测液体中匀速旋转。

(5) 待指针趋于稳定，按下指针控制杆，使读数固定，再关闭电源，使指针停在读数窗内，读取读数。若指针不停在读数窗内，可继续按住指针控制杆，反复开启和关闭电源，使指针停于读数窗内，再读取读数。

(6) 重复测定 3 次，取其平均值，按公式求出绝对黏度。

情景模拟

最近，在化验室工作的王老师感觉有些胸闷、气短，偶尔还出现精神不振、四肢无力、视物模糊等症状，到医院就诊，医生建议他做个血液的全面检查。检测结果显示：王老师的血液黏度为 6.56mPa·s，远高于男性的正常值。人体血液属于流体，一般用血液黏度来量化反映其流动性能。流体黏度怎样测定呢？下面请跟随我们一起学习流体黏度的测定。

【知识窗】

血液的黏度是血液的理化特性之一。如果以水的黏度为 1，则全血的相对黏度为 4～5，血浆的相对黏度为 1.6～2.4(温度为 37℃时)。当温度不变时，全血的黏度主要取决于血细胞比容的高低，血浆的黏度主要取决于血浆蛋白的含量。

若是血液变得黏稠，则会伤害到毛细血管，甚至堵塞毛细血管。如此一来，就不仅仅是氧气和营养物质无法运送的问题，甚至连周边的细胞都会死亡。而且肥大的血管很容易吸附脂肪、胆固醇、钙等物质，由此血液会变得越来越难以通过。如果放置不管，轻则可能引起头痛、健忘、肩膀酸痛、腰痛、水肿、长斑、长皱纹、脱发、失眠、体寒等问题，还可能会加快动脉血管硬化，甚至引起脑梗死和心肌梗死等重大疾病。

任务实施

微课：平氏黏度计法测定甘油的粘度

一、用毛细管黏度计法测定黏度

1. 实验用品

(1) 主要仪器：毛细管黏度计、恒温浴、温度计、秒表、电吹风、洗耳球、橡皮管。

(2) 主要药品：恒温浴液、洗液(乙醇、汽油、石油醚、铬酸洗液)、机油或其他石油产品。

2. 操作步骤

(1) 取一支适当内径的毛细管黏度计，洗涤干净并干燥。

(2) 如图 6-2(a)所示，支管 F 处接一橡皮管，用软木塞塞紧宽管 2 的出口，倒转黏度计，将主管 1 的管口插入盛有标准试样(20℃蒸馏水)的小烧杯中，通过连接支管的橡皮管，用洗耳球将标准试样吸至测定线 m_2 处(试样中不要有气泡)，然后捏紧橡皮管，取出黏度计，倒转，擦干管壁，并取下橡皮管。

(3) 将上述橡皮管接在主管 1 的管口处，使黏度计垂直直立于恒温浴中，使其管身下部浸入浴液。在黏度计旁边放一支温度计，使其水银泡与毛细管的中心在同一水平线上。恒温浴内温度调节至 20℃，在此温度下保持 10min 以上。

(4) 用洗耳球将标准试样吸至测定线 m_1 以上约 10mm 处(不要出现气泡)，停止抽吸，使液体自由垂直流下，注意观察液面下降情况。当液面降至测定线 m_1 时，启动秒表计时，当液面流至测定线 m_2 时，按停秒表。记下由测定线 m_1 到 m_2 的时间。重复测定 4 次，各次偏差不超过±0.5%，取 3 次以上流动时间的算术平均值作为标准试样的流出时间 $\tau_{20}^{标}$。

（5）倾出黏度计中的标准试样，洗净并干燥黏度计，用同一黏度计按上述方法测量试样的流出时间 $\tau_{20}^{样}$。平行测定 4 次，各次偏差不超过±0.5%，取 3 次以上流动时间的算术平均值作为试样的流出时间 $\tau_{20}^{样}$。

3. 数据记录与处理

样品黏度的计算公式如下：

$$\nu_t^{样}=\frac{\nu_t^{标}\cdot\tau_t^{样}}{\tau_t^{标}}$$

将测定数据与处理结果记录于表 6-2 中。

表 6-2　毛细管黏度计法测定黏度数据记录与处理

样品名称		测定项目		测定方法	
测定时间		环境温度		小组成员	
测定次数		1	2	3	4
标准试样的流出时间 $\tau_{20}^{标}$/s					
标准试样的平均流出时间/s					
试样的流出时间 $\tau_{20}^{样}$/s					
试样的平均流出时间/s					
标样的黏度 $\nu_t^{标}/(m^2/s)$					
试样的黏度 $\nu_t^{样}/(m^2/s)$					

4. 注意事项

（1）试样含有水或难溶性杂质时，在测定前要先进行脱水处理，并用滤纸过滤除去难溶性杂质。

（2）因为石油产品的黏度随温度的升高而减小，随温度的下降而增大，所以在测定前，试样和毛细管黏度计均应在恒温浴中准确恒温，温度变化在±0.1℃范围内，并保持一定时间。若实验温度为 50℃，则恒温时间为 15min；若实验温度为 20℃，则恒温时间为 10min。

（3）试样中若有气泡会影响试样的体积，气泡进入毛细管后可能形成气塞，会增大液体流动的阻力，使流动时间拖长，造成误差。

（4）黏度计必须调整成垂直状态，否则会改变液面高度。

（5）采取措施，确保 HSE 要求落实到位。

（6）按时完成任务工单，及时考核、评价测定的完成情况。

二、用恩氏黏度计法测定导热油的黏度

1. 实验用品

（1）主要仪器：恩氏黏度计，包括装试样的容器、堵塞流出管用的木塞、金属三脚架；恩

氏黏度计接收量瓶；恩氏黏度计温度计；250mL 烧杯。

(2) 主要药品：石油醚(CP)或乙醚(CP)、95%乙醇(CP)、导热油样品、新制的蒸馏水，铬酸洗液。

微课：恩氏黏度计法测定导热油的黏度

2. 操作步骤

1) 准备工作

(1) 试样含有水或难溶性杂质时，在测定前要先进行脱水处理，并用滤纸过滤除去难溶性杂质。

(2) 检查黏度计、电源开关、加热开关、温度显示表、计时器功能是否正常。实验前使计时器复位清零。

(3) 恒温浴中加入甘油，浸没至内容器扩大部分为止。

(4) 清洗并干燥恩氏黏度计和使用的玻璃器皿，将黏度计插入恒温浴并固定在支架上，将木塞插入流出管的小孔内。

(5) 旋转铁三脚架的调节螺钉，调整黏度计的位置处于水平状态。再将接收量瓶放在内容器的流出管下端。

2) 实验过程

(1) 将达到室温的试样缓慢倒入内容器中，直至 3 个尖钉的尖端刚好被试样淹没为止，但油中不能留有气泡。倒好后将内容器的盖子盖好，注意不要碰到木塞，防止木塞松动，使试样流出。

(2) 打开电源和加热开关，在温控仪面板上按试样测定温度的规定设置加热温度开始加热，同时打开搅拌机开始搅拌。

(3) 调节加热器，使加热速度均匀，油浴锅的温度要比试剂规定的温度稍高一些。当试样温度接近规定温度时，停止加热，使试样自动升温。当试样温度达到规定温度时，保持恒温 5min，然后迅速提起木塞，同时按下"计时/保持"开关，使按钮处于按下及低位状态，计时器开始计时。当接收量瓶中的试样达到 200mL 刻度线时，再按下"计时/保持"按钮，立刻松手，让按钮开关弹起处于高位状态，计时结束。显示值会停留在当时时间不动(即试样流出 200mL 的运动时间)，记录时间。若需要再次重做样品，则使计时器清零，重复前面的操作即可。

(4) 平行测定 3 次，记录实验数据。

3) 结束工作

(1) 将内容器中未流完的试样，用废液瓶代替接收量瓶继续接收，直至流完。

(2) 关闭电源开关，断开电源，将接收量瓶中的试样倒入废液桶中。

(3) 将内容器、流出口、接收量瓶、温度计清洗干净，整理实验台面，将仪器设备擦拭干净。

3. 数据记录与处理

样品的恩氏黏度的计算公式如下：

$$E_t = \frac{\tau_t}{K_{20}}$$

计算 3 次测定结果的平均值，即为样品的恩氏黏度。

将测定数据与处理结果记录于表 6-3 中。

表 6-3　恩氏黏度计法测定导热油样品黏度数据记录与处理

样品名称		测定项目		测定方法	
测定时间		环境温度		小组成员	
测定次数			1	2	3
导热油在温度 t(单位为℃)时的流出时间/s					
恩氏黏度计的水值/s					
导热油在温度 t(单位为℃)时的恩氏黏度					
平均值					

4. 注意事项

(1) 恩氏黏度计的标准水值应为(51±1)s(即 20℃下从黏度计中流出 200mL 新制的蒸馏水所需的时间)。

(2) 黏度计杯体和流出管内壁表面必须光滑,不得有划痕、毛刺等。细管与杯体连接处要圆滑,不得有可观察出的凹凸不平。

(3) 黏度计内容器中 3 个尖钉的尖端朝上,应在同一水平面,木塞带有支撑定位装置,圆锥部分应光滑,插入流出管中时应不漏水。

(4) 黏度计必须注明仪器名称、编号、制造厂名称等。

(5) 接收量瓶应符合《常用玻璃量器检定规程》(JJG 196—2006)的要求。

(6) 采取措施,确保 HSE 要求落实到位。

(7) 按时完成任务工单,及时考核、评价测定的完成情况。

三、用旋转黏度计法测血液样品的黏度

1. 实验用品

(1) 主要仪器:RDV-2 数显型旋转黏度计。

(2) 主要药品:血液样品。

2. 操作步骤

(1) 安装黏度计:将选用的转子旋入转子连接螺杆,调节使机身顶部的水平气泡在黑色圆圈中。

(2) 开机:使步进电动机开始工作。

(3) 输入旋转转子号:当屏幕显示为所选用转子时,即完成输入。

(4) 选择转速:按 Tab 键将闪烁数位分别设置好,按转速键确认。

(5) 往量筒内加入 8mL 血液样品,装在量筒调节座上并用螺钉固定,旋转升降架旋钮,使黏度计缓慢下降,让转子逐渐浸入被测液体中,直至液面正好在转子的液面标记处。

(6) 调整黏度计及量筒调节座水平,使连接螺杆在量筒的中心位置。

(7) 按下测量键,适当时间后即可测得当前转子、转速下的黏度值和百分计标度,分别测定转速为 110r/min、130r/min、150r/min、170r/min、190r/min 时的黏度值(单位为 cP,1cP=1mPs)。判断被测样品的性质(牛顿流体或非牛顿流体),按“选择显示”键切换成剪切应力(SS,单位为 dyne/cm^2)和剪切速率(SR,单位为/s),记录每次对应的剪切应力和剪切速

率数值,用剪切应力对剪切速率作图,作出被测样品的流动曲线图。每次测定的百分比标度范围必须为20%～90%,黏度值才为正常。每测定完一个数据后,用复位键停止,再设置下一个转速进行测试。

(8) 对未知黏度的样品,选择转子和转速时,应根据百分比标度来判断转子和转速选择的合理性。通常高黏度样品选择小体积(28号和29号转子)和慢转速。当估计不出被测样品的大致黏度时,应先设定为较高黏度,试用小体积和慢转速再到大体积和快转速,每次测定根据百分比标度范围是否为20%～90%,判断选择的合理性。

(9) 及时记录数据。

(10) 测定结束,清洗和清理仪器。

3. 数据记录与处理

(1) 计算血液样品的黏度值:3次测定结果的平均值即为结果。

(2) 以剪切速率为横坐标、剪切应力为纵坐标作图,作出被测样品的流动曲线图。

将测定数据与处理结果记录于表6-4中。

表6-4 旋转黏度计法测定血液样品的黏度数据记录与处理

样品名称		测定项目		测定方法	
测定时间		环境温度		小组成员	
测定次数		1		2	
选择转子号					
转速/(r/min)					
黏度值/cP					
剪切应力/(dyne/cm^2)					
剪切速率/(1/s)					

4. 注意事项

(1) 使用旋转黏度计时一定要保持水平状态。

(2) 将转子放入样品中时要避免产生气泡,否则测量出的黏度值会降低。避免的方法是将转子倾斜地放入样品中,然后安装转子,转子不能碰到杯壁和杯底,被测量的样品必须没过规定的刻度。

(3) 测量不同的样品时,必须保持转子的清洁和干燥,如果转子残留有其他样品或清洁后残留的水,就会影响测量的准确度。

(4) 酸度值(pH)最大不能超过2,如果酸性过大则应选用特殊转子,使用ULA(ultra low viscosity adapter,超低黏度适配器)时要确定好样品用量。

(5) 连接转子时要用左手轻轻托起并捏住心轴(主机上),右手旋转转子,这样操作是为了保护机身内的心轴和游丝,从而延长仪器的使用寿命。

(6) 取值要在数值比较稳定时,否则取得的数值会存在较大的误差。

(7) 选择转子时,要看被测量的样品的黏度和几号转子的测量范围最接近,就选几号转子。

(8) 根据测定的黏度范围选择黏度标准液,并在每次使用黏度计前对仪器进行验证,或定期校验，以保证测量的准确性。

（9）采取措施，确保 HSE 要求落实到位。

（10）按时完成任务工单，及时考核、评价测定的完成情况。

任务工单

液体黏度的测定任务工单如表 6-5 所示。

表 6-5　流体黏度的测定任务工单

<table>
<tr><td>任务名称</td><td colspan="3">流体黏度的测定</td><td>任务学时</td><td></td></tr>
<tr><td>实训班级</td><td></td><td>学生姓名</td><td></td><td>学生学号</td><td></td></tr>
<tr><td>组别</td><td></td><td>小组成员</td><td colspan="3"></td></tr>
<tr><td>实训场地</td><td></td><td>实训日期</td><td></td><td>任务成绩</td><td></td></tr>
<tr><td>任务目的</td><td colspan="5"></td></tr>
<tr><td>任务描述</td><td colspan="5"></td></tr>
<tr><td>主要仪器</td><td colspan="5"></td></tr>
<tr><td>主要试剂</td><td colspan="5"></td></tr>
<tr><td>计划决策</td><td colspan="5"></td></tr>
<tr><td>任务实施</td><td colspan="5">1. 原理描述：
2. 过程概述：
3. 数据记录：
4. 数据处理：
5. 实验结果与讨论：</td></tr>
<tr><td>任务总结</td><td colspan="5"></td></tr>
</table>

任务评价

流体黏度的测定任务评价表如表 6-6 所示。

表 6-6 流体黏度的测定任务评价表

<table>
<tr><th colspan="2" rowspan="2">评价项目</th><th rowspan="2">评价标准</th><th rowspan="2">配分</th><th colspan="3">评价</th></tr>
<tr><th>自评</th><th>互评</th><th>师评</th></tr>
<tr><td colspan="2" rowspan="4">知识与技能
(70%)</td><td>能阐述流体黏度的测定方法及原理</td><td>15</td><td></td><td></td><td></td></tr>
<tr><td>能正确使用仪器</td><td>15</td><td></td><td></td><td></td></tr>
<tr><td>能按步骤进行实验操作</td><td>20</td><td></td><td></td><td></td></tr>
<tr><td>正确记录数据,并对数据进行处理</td><td>20</td><td></td><td></td><td></td></tr>
<tr><td rowspan="3">工作过程
(30%)</td><td>工作态度</td><td>态度端正,积极参与学习活动,无无故缺勤、迟到、早退现象</td><td>10</td><td></td><td></td><td></td></tr>
<tr><td>协调能力</td><td>能与小组成员、同学间合作交流、协调工作,促进任务完成</td><td>10</td><td></td><td></td><td></td></tr>
<tr><td>职业素质</td><td>能识别危险因素,排除安全隐患,做到遵规守纪、安全文明、灵活应用、认真仔细、规范操作、实事求是、爱护仪器、有节约意识</td><td>10</td><td></td><td></td><td></td></tr>
<tr><td colspan="3">合计</td><td>100</td><td></td><td></td><td></td></tr>
<tr><td colspan="7">综合得分(自评分×30%+互评分×20%+师评分×50%):</td></tr>
<tr><td colspan="7">学习体会:
教师签字:</td></tr>
</table>

【知识拓展】

旋转黏度计的校验方法

(1) 把盛有标准液的容器放入恒温循环水浴中恒温。

(2) 把旋转黏度计降到测量位置(如果是 LV 或 RV 机型,记得使用护腿),装上转子。对于圆盘形转子,为了防止有气泡附在转子上,先将转子以一个角度倾斜插入样品中,然后将转子安装到黏度计机头上。

(3) 整套旋转黏度计恒温至少 1h,并在测量前定时搅拌标准液,以确保温度均匀一致。1h 后,用一支精度高的温度计测量标准液的温度。标准液的温度必须在指定温度的 ±0.1℃范围内(通常是 25℃)。

(4) 当标准液的温度达到测试温度时,开始黏度测量并记录黏度值。

【思考与练习】

简答题

1. 什么是黏度?黏度有哪几种表示方法?其常用的测定方法有哪几种?
2. 运动黏度与绝对黏度有什么关系?
3. 简述毛细管黏度计法测定运动黏度的原理。什么是毛细管黏度计常数?
4. 为什么装入黏度计的试样不能有气泡?
5. 测定运动黏度时为什么要将黏度计调整成垂直状态?试样中为什么不能含有水分和难溶性杂质?

任务七　油品闪点的测定

【任务描述】

闪点是油品易燃性物质的一个重要物理常数，不同类型的物质有不同的闪点值。闪点是评价油品蒸发倾向和衡量油品在储存、运输和使用过程中安全程度的指标，也是衡量燃料类产品质量的一个重要指标。本任务以如何保证油品运输安全为引导，详细介绍生活中常见油品闪点的测定原理和方法。

【任务目标】

知识目标

- 认识闪点的定义及测定意义；
- 了解常见油品闪点的测定原理及方法。

技能目标

- 掌握各种测定闪点的原理和操作方法；
- 能正确认识及使用闪点测定仪器；
- 能正确判断闪点，及时记录，处理数据，完成实验报告。

素质目标

- 培养严谨求实的科学态度；
- 树立健康、安全、环保意识；
- 培养观察和创新能力。

知识准备

一、闪点的定义

闪点是可燃性液体储存、运输和使用的一个安全指标，同时也是可燃性液体的挥发性指标。闪点是燃油在规定结构的容器中加热挥发出可燃气体与液面附近的空气混合，达到一定浓度时可被火星点燃时的燃油温度。闪点低的可燃性液体，挥发性高，容易着火，安全性较差。石油产品，闪点在45℃以下的为易燃品，如汽油、煤油；闪点在45℃以上的为可燃品，如柴油、润滑油。挥发性高的润滑油在工作过程中容易蒸发损失，严重时甚至会引起润滑油黏度增大，影响润滑油的使用。一般要求可燃性液体的闪点比使用温度高20～30℃，以保证使用安全和减少挥发损失。

二、闪点测定的意义

1. 保障油品存储、运输和使用的安全

闪点越低，燃料越易燃烧，火灾危险性也越大。在实际生产中，油品的危险等级是根据闪点来划分的。闭口闪点小于28℃为一级可燃品，闭口闪点为28～60℃为二级可燃品，闭口闪点大于 60℃为三级可燃品。按闪点的高低可确定油品运送、储存和使用的各种防火安全措施。

2. 判断其馏分组成的轻重

油品蒸气压越高，馏分组成越轻，油品的闪点越低。反之，馏分组成越重，油品的闪点越高。

3. 判断油品的变质情况

内燃机油均具有较高的闪点，使用时不宜着火燃烧，如果发现油品的闪点显著降低，则说明油品已受到燃料的稀释，应及时检修发动机或换油；汽轮机油和变压器油在使用中如发现闪点下降，表明油品已变质，需进行处理。

【阅读有益】

1989 年 8 月 12 日，位于山东半岛的黄岛油库发生火灾爆炸事故，造成 19 人死亡，77 人受伤，直接经济损失约 3540 万元。2008 年 8 月 2 日，贵州兴化化工有限公司甲醇储罐发生爆炸引发火灾，造成 3 人死亡，2 人受伤，6 个储罐被摧毁。因此，分析易燃可燃液体闪点的特点和变化规律，对于做好防火和灭火工作，提高易燃可燃液体的安全性，具有十分重要的意义。

【知识窗】

根据闪点，可以将能燃烧的液体分为两类四级。第一级：闪点在 28℃以下，如汽油、酒精等。第二级：闪点在 28～45℃，如丁醇、煤油等。第三级：闪点在 46～120℃，如苯酚、柴油等。第四级：闪点在 121℃以上，如润滑油、桐油等。属于第一、二级的液体称为易燃液体；属于第三、四级的液体称为可燃液体。

三、闪点的测定方法

闪点的测定包括重质油品、轻质油品闪点的测定。本任务主要介绍开口杯法和闭口杯法。

（一）开口杯法

开口杯法用于测定重质油品的闪点。

1. 测定原理

将试样装满于试验杯至规定的液面刻线，最初较快地升高试样温度，然后缓慢地以稳定的速度升温至接近于闪点，并不时地在规定的温度下以试验火焰横扫过杯内液体表面上空，当由于火焰而引起液体表面上蒸气闪火时的最低温度即为闪点。

2. 测定仪器——克利夫兰开口杯闪点测定仪

(1) 克利夫兰开口杯闪点测定仪如图 7-1 所示。

(2) 开口杯闪点测定仪的结构如图 7-2 所示。

图 7-1　克利夫兰开口杯闪点测定仪

3. 测定方法

开口杯法是一种常用的油品易燃性测定方法，把试样装入内坩埚中到规定的刻线。首先迅速升高试样的温度，然后缓慢升温，当接近闪点时，恒速升温。在规定的温度间隔，用一

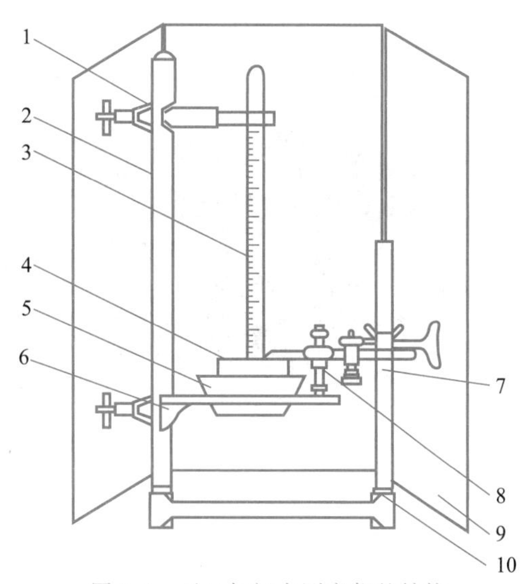

图 7-2　开口杯闪点测定仪的结构

1—温度计夹；2—支柱；3—温度计；4—内坩埚；5—外坩埚；6—坩埚托；
7—点火器支柱；8—点火器；9—保护罩；10—底座

个小的点火器火焰按规定通过试样表面，以点火器火焰使试样表面上的蒸气发生闪火的最低温度，作为开口杯法闪点。继续进行试验，直到用点火器火焰使试样发生点燃并至少燃烧5s，将此时的最低温度作为开口杯法燃点。

4. 闪点校正计算

油品闪点会受大气压力的影响：大气压力降低，油品易挥发，闪点会随之降低；大气压力升高，闪点会随之升高。当压力变化为 0.133kPa 时，闪点变化在 0.033～0.036℃，所以规定以 101.325kPa 压力下测定的闪点为标准。大气压力在 72.0～101.3kPa 范围时，可用经验公式进行校正（精确至 1℃）。

开口杯闪点的压力校正公式为

$$t=t_p+(0.001125t_p+0.21)(101.3-p)$$

式中，t——标准压力下的闪点，℃；

t_p——实际测定的闪点，℃；

p——实验条件下的大气压力，kPa。

（二）闭口杯法

闭口杯法适用于石油产品。闭口杯在规定条件下加热到石油产品的蒸气与空气的混合气接触火焰发生闪火时的最低温度，称为闭口杯法闪点。

1. 测定原理

把待测试样装入油杯中至环状标记处，连续搅拌试样，注意加热速率需缓慢、恒定，在规定的温度间隔，同时在中断搅拌的情况下，将一小火焰引入杯中，将试验火焰引起试样上方的蒸气闪火时的最低温度作为闭口闪点。

2. 测定仪器——闭口杯闪点测定仪

（1）SYD-216 型闭口杯闪点测定仪如图 7-3 所示。

（2）闭口杯闪点测定仪的结构如图 7-4 所示。

图 7-3　SYD-216 型闭口杯闪点测定仪

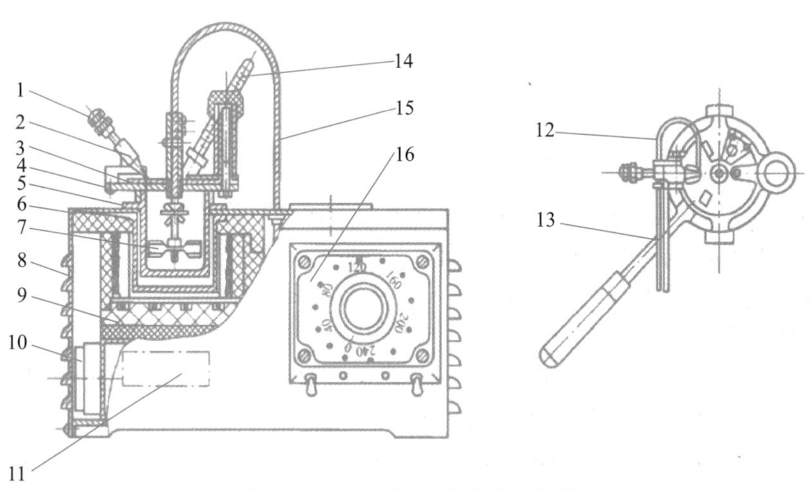

图 7-4　闭口杯闪点测定仪的结构

1—点火器调节螺钉；2—点火器；3—滑板；4—油盖杯；5—油杯；6—浴套；7—搅拌桨；8—壳体；9—电炉盘；10—电动机；11—铭牌；12—点火管；13—油杯手柄；14—温度计；15—传动软轴；16—开关箱

3. 测定方法

闭口杯法是一种常用的油品易燃性测定方法，它由一只加热的、紧口的容器完成测定，一般情况下，多用于蒸发性较大的轻质油品。紧口的容器可以防止任何温度的外来空气和燃料进入容器内部。当容器被加热到一定温度时，液体中的燃料组分开始挥发，形成混合气体。当温度上升到液体的闭口闪点时，混合气体中的挥发物在压力下突然燃烧。当混合气体的火焰稳定时，就是液体的闭口闪点。

情景模拟

因单位人员岗位的变动，小王被调动到管理油品运输的岗位上，面对新的岗位，小王坚信自己一定能做好相关工作。为了尽快适应并融入工作中，小王认真学习油品运输的相关要求及标准，确保油品在运输途中的安全。

请大家思考，小王怎么才能确保油品在运输途中的安全呢？接下来一起学习油品闪点指标的测定。

【知识窗】

润滑油是石油产品的一种，用于降低摩擦副的摩擦阻力、减缓其磨损。润滑油对摩擦副还起冷却、清洗和防止污染等作用。为了改善润滑性能，在某些润滑油中可加入合适的添加剂。选用润滑油时，一般应考虑摩擦副的运动情况、材料、表面粗糙度、工作环境和工作条件，以及润滑油的性能等多方面因素。在机械设备中，润滑油大多通过润滑系统输配给各需要润滑的部位。

任务实施

一、用开口杯法测定润滑油的闪点

1. 实验用品

（1）主要仪器：开口杯闪点测定仪、温度计、大气压力计、煤气源。

（2）主要药品：汽油（无铅）、溶剂油[满足国家标准《油漆及清洗用溶剂油》（GB 1922—2006）中 NY-120]、润滑油（试样）。

2. 操作步骤

（1）将测定装置放在避风暗处，用防护屏围好，以便观察闪火现象。能做到在预期闪点前 17℃时，避免由于试验操作或凑近试验杯呼吸引起油蒸气游动而影响试验结果。

（2）使用不含铅的汽油或溶剂油洗涤试验杯，以此来洗去前次实验留下的油迹、残渣及微量的胶质物。

注：①残渣应用钢丝球擦除干净，用冷水冲洗后，需用明火或电热板进行干燥，除去微量溶剂和水；②使用前需将试验杯冷却到预期闪点前 56℃。

（3）安装温度计时将温度计旋转垂直，使球底距离试验杯底约 6mm 处，并且位于试验杯中心与边缘之间的中点和测试火焰扫过弧相垂直的直径上，并位于点火器对边。

（4）将待测试样装入试验杯中，使其弯月面顶部刚好至刻度线处。

注：如试样倒入过多，则需用移液管或一次性滴管取出多余试样；如试样洒落在仪器外边，则需重新洗涤后，再重新装样；注意装样过程中试样表面的气泡，以免影响测定结果。

（5）点燃待测试样的火焰，调节火焰直径约为 4mm。若仪器上的金属球较小，则火焰的直径调节至与金属球直径相同即可。

（6）加热升温时，控制试样的升温速率在 14～17℃/min，当试样温度达到预期闪点前 56℃时，降低加热速率，使其速率在闪点前约 28℃时为 5～6℃/min。

（7）在预期闪点前 28℃时，按动划扫按钮开关，点火杆划扫点火。若未观察到闪点现象，则每升温 2℃后，再次按动划扫按钮开关，点火杆向相反方向划扫点火。试验火焰每次越过试验杯需要 1s 左右。

（8）当油面上出现任何一点闪火时，记录温度计上的温度作为闪点。此过程中需注意，不要把在试验火焰周围产生的淡蓝色光环与真正的闪点相混淆。

（9）试验结束后，立即做好实验室清洁，检查水电，保证安全。

3. 数据记录与处理

将测定数据与处理结果记录于表 7-1 中。

表 7-1 开口杯法测定闪点的数据记录与处理

样品名称		测定项目		测定方法		
测定时间		环境温度		小组成员		
测定次数	1		2		备用	
升温速率/(℃/min)	初始时	闪点前	初始时	闪点前	初始时	闪点前
闪点/℃						
大气压力/kPa						
闪点校正公式	$t=t_p+(0.001125t_p+0.21)(101.3-p)$					
闪点计算结果/℃						
闪点平均值/℃						
相对平均偏差						
参考值						

4. 注意事项

(1) 温度计的正确安装,需在浸入刻度线并位于试验杯边缘下 2mm 处。

(2) 试验杯的洗涤必须到位,以免杂质影响结果。

(3) 试样的闪点与点火时的闪光要区分。

(4) 各环节升温速率的控制。

(5) 防止使用的油品发生燃烧而出现意外。

(6) 通风、用火、用气的安全问题。

二、用闭口杯法测定机油的闪点

1. 实验用品

(1) 主要仪器:闭口杯闪点测定仪、温度计、大气压力计。

(2) 主要药品:汽油(无铅)、溶剂油、机油(试样)。

2. 操作步骤

(1) 如果试样水分大于 0.05%,则需进行脱水处理。闪点低于 100℃时,试样无须加热处理;其余试样可加热至 50~80℃,使用脱水剂脱水处理(脱水剂:煅烧的无水硫酸钠或无水氯化钙)。

(2) 用无铅汽油清洗干净试验杯,防止其他物质污染。

(3) 将待测试样倒入试验杯中,注意温度不能高于脱水时的温度,试样倒入试验杯标准刻度线处,及时盖上干净的杯盖;然后安装温度计,将试验杯放入浴套中。闪点低于 50℃的试样,应先将空气浴冷却至 20℃左右。

(4) 将点火器灯芯或煤气引火点燃,调节火焰直径为 3~4mm 的球形。

(5) 将防护屏围好,避免气流和光线影响对测定结果的判断。

(6) 开启加热器,闪点低于 50℃的试样,升温速率为 1℃/min,不断搅拌试样;闪点为

50～150℃的试样，升温速率为5～8℃/min，需每分钟搅拌一次；闪点超过150℃的试样，升温速率为10～12℃/min，需定时搅拌。当温度达到预期闪点前20℃时，升温速率应控制在每分钟升高2～3℃。

(7) 预期闪点前10℃左右时，停止搅拌，开始点火，点火成功后，继续搅拌。点火时扭动滑板及点火器控制手柄，使滑板滑开，点火器伸入杯口，使火焰留在此位置1s，然后迅速回到原位。

(8) 当试样液面上方出现蓝色火焰时，及时记录温度。继续试验观察，能继续闪火，此次闪点测定为有效；如不出现闪火，则更换试样重新试验。

(9) 记录大气压力值。

3. 数据记录与处理

将测定数据与处理结果记录于表7-2中。

表7-2　闭口杯法测定闪点的数据记录与处理

<table>
<tr><td>样品名称</td><td></td><td>测定项目</td><td colspan="2"></td><td>测定方法</td><td></td></tr>
<tr><td>测定时间</td><td></td><td>环境温度</td><td colspan="2"></td><td>小组成员</td><td></td></tr>
<tr><td>测定次数</td><td colspan="2">1</td><td colspan="2">2</td><td colspan="2">备用</td></tr>
<tr><td rowspan="2">升温速率/(℃/min)</td><td>初始时</td><td>闪点前</td><td>初始时</td><td>闪点前</td><td>初始时</td><td>闪点前</td></tr>
<tr><td></td><td></td><td></td><td></td><td></td><td></td></tr>
<tr><td>闪点/℃</td><td colspan="2"></td><td colspan="2"></td><td colspan="2"></td></tr>
<tr><td>大气压力/kPa</td><td colspan="2"></td><td colspan="2"></td><td colspan="2"></td></tr>
<tr><td>闪点校正公式</td><td colspan="6">$t=t_p+0.0259(101.3-p)$</td></tr>
<tr><td>闪点计算结果/℃</td><td colspan="2"></td><td colspan="2"></td><td colspan="2"></td></tr>
<tr><td>闪点平均值/℃</td><td colspan="6"></td></tr>
<tr><td>相对平均偏差</td><td colspan="6"></td></tr>
<tr><td>参考值</td><td colspan="6"></td></tr>
</table>

4. 注意事项

(1) 试样的量须严格控制，以免发生安全事故。

(2) 试验杯应用无铅汽油清洗干净。

(3) 注意点火器的火焰大小。

(4) 注意火焰离油面的高度。

(5) 防止使用的油品发生燃烧而出现意外。

(6) 注意通风、用火、用气的安全问题。

【知识窗】

为什么在试验中，试样的量必须严格控制呢？因为试样量一旦过多，容器内油面上方的空间就相对减少，当温度升高时，油蒸气与空气混合物的浓度就容易达到爆炸的范围，导致闪点偏低，影响对结果的判断，从而不能保障油品存放及运输的安全。

任务工单

油品闪点的测定任务工单如表 7-3 所示。

表 7-3 油品闪点的测定任务工单

任务名称	油品闪点的测定			任务学时	
实训班级		学生姓名		学生学号	
组别		小组成员			
实训场地		实训日期		任务成绩	
任务目的					
任务描述					
主要仪器					
主要试剂					
计划决策					
任务实施	1. 原理描述： 2. 过程概述： 3. 数据记录： 4. 数据处理： 5. 实验结果与讨论：				
任务总结					

任务评价

油品闪点的测定任务评价表如表 7-4 所示。

表 7-4　油品闪点的测定任务评价表

评价项目		评价标准	配分	评价		
				自评	互评	师评
知识与技能（70%）		能阐述油品闪点的测定方法及原理	15			
		能正确使用仪器	15			
		能按步骤进行实验操作	20			
		正确记录数据，并对数据进行处理	20			
工作过程（30%）	工作态度	态度端正，积极参与学习活动，无无故缺勤、迟到、早退现象	10			
	协调能力	能与小组成员、同学间合作交流、协调工作，促进任务完成	10			
	职业素质	能识别危险因素，排除安全隐患，做到遵规守纪、安全文明、灵活应用、认真仔细、规范操作、实事求是、爱护仪器、有节约意识	10			
合计			100			
综合得分（自评分×30%＋互评分×20%＋师评分×50%）：						
学习体会： 教师签字：						

【思考与练习】

简答题

1. 简述开口杯法、闭口杯法测定闪点的原理。
2. 什么原因会导致闪点偏低？
3. 为什么要控制试样的加入量？
4. 不清洗试验杯对闪点的测定结果有什么影响？
5. 简述两种闪点测定方法的适用范围。
6. 自行查阅各种闪点测定仪，对比各自的优势。

任务八　凝点的测定

【任务描述】

通过观察和测量不同液体的凝点，我们可以了解其成分、物理性质等方面的信息。例如，在食品工业中，测定食品的凝点可以帮助我们判断其质量和加工性能；在医疗领域，测定药物的凝点有助于评估其药效和稳定性。因此，掌握测定凝点的方法对于我们日常生活和科学研究都具有重要意义。本任务以测定十一烯酸的凝点为引导，详细介绍凝点的测定原理和方法。

【任务目标】

知识目标

- 认识凝点的基本定义；
- 认识测定凝点的基本原理。

技能目标

- 会安装凝点测定装置；
- 能准确测定样品的凝点。

情感目标

- 培养认识物质形态变化，尊重自然规律的世界观；
- 培养求真务实的职业素养。

知识准备

1. 凝点的定义

物质的凝点是指液体在冷却过程中由液态转变为固态时的相变温度，在一定压强下，晶体物质的凝点与其熔点相同。同一种晶体，凝点与压强有关。凝固时体积膨胀的晶体，凝点随压强的增大而降低；凝固时体积缩小的晶体，凝点随压强的增大而升高。在凝固过程中，液体转变为固体，同时放出热量。因此，物质的温度高于熔点时处于液态，低于熔点时处于固态。非晶体物质无固定的凝点。

2. 凝点的测定方法

不同物质的凝点测定方法不同，国家根据物质的特点和行业特性制定了相应的标准，如石油产品的凝点的测定方法有《石油产品凝点测定法》(GB/T 510—2018)，药品的凝点的测定方法则根据《中华人民共和国药典》(2020 年版)进行。

情景模拟

刘洋是一名制药厂化验室的新员工，今天跟随他的师傅张敏去车间取产品十一烯酸做理化检测，张师傅说：“小刘，十一烯酸是一种有机化合物，化学式为 $C_{11}H_{20}O_2$，主要用于合成香料，也可用作药物抗真菌剂，是我们车间的主要产品，今天我们取样回化验室，测定它的凝点。”刘洋问：“凝点是怎样测定的呢？”张师傅说：“凝点的测定有多种方法，我们药厂生产的是药品，需要根据《中华人民共和国药典》（2020 年版）的要求测定，所以今天我们按照药典规定 0613 凝点的测定法进行测定。”

【知识窗】

十一烯酸是一种有机化合物，性状为淡黄色至黄色的液体，遇冷则成乳白色的结晶性团块，气味特臭；能与乙醇、三氯甲烷、乙醚、脂肪油或挥发油任意混溶，在水中几乎不溶；主要用于合成香料，也可用作药物抗真菌剂。

任务实施

下面测定十一烯酸的凝点。

微课：凝固点测定装置的组装

1. 测定原理

将液态的物质在常压下降温，开始时液体温度逐渐下降，当达到一定温度时有结晶析出，此时，将试样温度保持一段时间不变或温度回升并保持一段时间不变，此时的温度即为试样的凝点。

2. 仪器与药品

测定装置如图 8-1 所示。

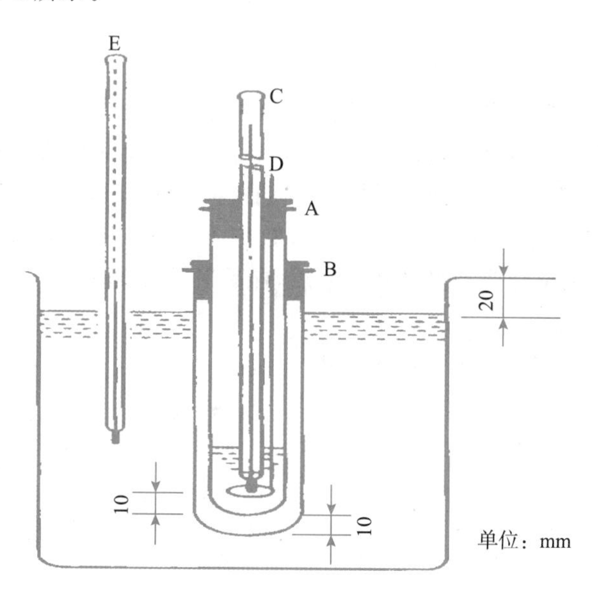

图 8-1　凝点测定装置

A—内径约 25mm、长约 170mm 的干燥试管；B—内径约 40mm、长约 160mm 的外管；C—刻度为 0.1℃的温度计；D—搅拌器；E—温度计

凝点的测定所需仪器与试剂的种类和规格如表 8-1 所示。

3. 测定过程

（1）安装仪器。按图 8-1 安装实验装置。

表 8-1 凝点的测定所需仪器与试剂的种类和规格

项目	数量	名　　称	规　　格
仪器	1	试管 A	25mm×170mm
	1	试管 B	40mm×160mm
	2	温度计	0～50℃，分度值 0.1℃
	1	烧杯	500mL
	1	分析天平	100g/0.1g
	1	搅拌器	
	1	水浴锅	
	1	酒精灯	
试样	50g	十一烯酸	96%

(2) 近似凝点的测量。称取待测试样 15～20g，加微温使待测试样熔融，置于内管中，使其迅速冷却，并测定试样的近似凝点。

(3) 水浴准备。在水浴锅中加入自来水，分别设置温度比近似凝点约低 5℃，高 5～10℃，加热至恒温。

4. 测定操作

称取待测试样 15～20g，将内管置于较近似凝点高 5～10℃的水浴中，加热使凝结物仅剩极微量未熔融。将仪器按图 8-1 安装完毕，在烧杯中加入比待测试样近似凝点约低 5℃的水。用搅拌器不断搅拌待测试样，每隔 30s 观察温度 1 次，至液体开始凝结，停止搅拌并每隔 5～10s 观察温度 1 次，至温度计的汞柱在一点能停留约 1min 不变，或微上升至最高温度后停留约 1min 不变，记录温度。连续读数次数应不少于 4 次，且各次读数范围应小于 0.2℃，将该读数的平均值作为待测试样的凝点，样品平行测量 3 次，分别填入表 8-2。

5. 数据记录与处理

将测定数据与处理结果记录于表 8-2 中。

表 8-2 凝点的测定数据记录与处理

<table>
<tr><td>样品名称</td><td></td><td>测定项目</td><td></td><td>测定方法</td><td></td></tr>
<tr><td>测定时间</td><td></td><td>环境温度</td><td></td><td>小组成员</td><td></td></tr>
<tr><td colspan="2">测定次数</td><td colspan="2">1</td><td colspan="1">2</td><td>3</td></tr>
<tr><td>称取待测
试样质量/g</td><td></td><td>近似凝点
温度/℃</td><td></td><td>水浴锅设置
温度/℃</td><td></td></tr>
<tr><td>开始凝结时间</td><td colspan="5"></td></tr>
<tr><td rowspan="2">试样凝点 T/℃</td><td>T_1</td><td>T_2</td><td>T_3</td><td>T_4</td><td>平均值</td></tr>
<tr><td></td><td></td><td></td><td></td><td></td></tr>
</table>

任务工单

凝点的测定任务工单如表 8-3 所示。

表 8-3　凝点的测定任务工单

任务名称	凝点的测定			任务学时	
实训班级		学生姓名		学生学号	
组别		小组成员			
实训场地		实训日期		任务成绩	
任务目的					
任务描述					
主要仪器					
主要试剂					
计划决策					
任务实施	1. 原理描述： 2. 过程概述： 3. 数据记录： 4. 数据处理： 5. 实验结果与讨论：				
任务总结					

任务评价

凝点的测定任务评价表如表 8-4 所示。

表 8-4　凝点的测定任务评价表

<table>
<tr><th colspan="2" rowspan="2">评价项目</th><th rowspan="2">评价标准</th><th rowspan="2">配分</th><th colspan="3">评　　价</th></tr>
<tr><th>自评</th><th>互评</th><th>师评</th></tr>
<tr><td colspan="2" rowspan="4">知识与技能
(70%)</td><td>能阐述凝点的测定方法及原理</td><td>15</td><td></td><td></td><td></td></tr>
<tr><td>能正确安装仪器</td><td>15</td><td></td><td></td><td></td></tr>
<tr><td>能按步骤进行实验操作</td><td>20</td><td></td><td></td><td></td></tr>
<tr><td>正确记录数据,并对数据进行处理</td><td>20</td><td></td><td></td><td></td></tr>
<tr><td rowspan="3">工作过程
(30%)</td><td>工作态度</td><td>态度端正,积极参与学习活动,无无故缺勤、迟到、早退现象</td><td>10</td><td></td><td></td><td></td></tr>
<tr><td>协调能力</td><td>能与小组成员、同学间合作交流、协调工作,促进任务完成</td><td>10</td><td></td><td></td><td></td></tr>
<tr><td>职业素质</td><td>能识别危险因素,排除安全隐患,做到遵规守纪、安全文明、灵活应用、认真仔细、规范操作、实事求是、爱护仪器、有节约意识</td><td>10</td><td></td><td></td><td></td></tr>
<tr><td colspan="3">合　计</td><td>100</td><td></td><td></td><td></td></tr>
<tr><td colspan="7">综合得分(自评分×30%+互评分×20%+师评分×50%):</td></tr>
<tr><td colspan="7">学习体会:

教师签字:</td></tr>
</table>

【知识拓展】

贝克曼温度计

贝克曼温度计由德国化学家恩斯特·奥托·贝克曼发明。贝克曼温度计是精密测量温度差值的温度计,水银球与水银储槽由均匀的毛细管连通,其中除水银外是真空。刻度尺上的刻度一般只有5℃或6℃,最小刻度为0.01℃,可以估计到0.002℃,如图8-2所示。

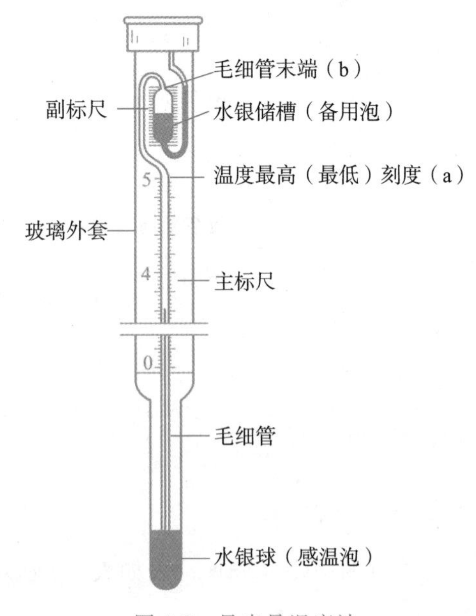

图 8-2　贝克曼温度计

1. 根据被测温度高低调节水银球的水银量

调节水银量的目的是使温度计在测量起始温度时,毛细管中的水银面位于刻度尺合适的位置。例如,用下降式贝克曼温度计测凝点降低时,起始温度(即纯溶剂的凝点)的水银面应在刻度尺的1℃附近,这样才能保证在加进溶质而使凝点下降时,毛细管中的水银面仍处在刻度尺的范围之内。因此,在使用贝克曼温度计时,首先应将它插入一个与所测的起始温度相同的体系内。待平衡后,如果毛细管内的水银面在所要求的合适刻度附近,就不必调整,否则应按下述步骤进行调整。

（1）水银丝的连接。要调节水银球中的水银量，必须将水银储槽中的水银和毛细管中的水银连接。若水银球内的水银量过多，毛细管内的水银面已过 b 点，此时应将温度计慢慢倒置，并用手指轻敲水银储槽处，使水银储槽内的水银与 b 点处的水银相连接，然后将温度计倒转过来。若水银球内的水银量太少，则可用右手握住温度计中部，将温度计倒置，用左手轻敲右手的手腕（注意：不能用力过猛，切勿使温度计与桌面等相撞），此时水银球内的水银就会自动流向水银储槽，使之与水银储槽中的水银相连。

（2）调节水银球中的水银量的方法有很多，现以下降式贝克曼温度计为例，介绍一种常用的方法。

设 T_0 为实验欲测的起始摄氏温度（如纯液体的凝点），在此温度下欲使贝克曼温度计中毛细管的水银面恰在 1℃附近，则需将已经连接好水银丝的贝克曼温度计悬于一个温度为 T 的水浴中，T 值可由下式求出：

$$T=T_0+1+R$$

式中，R 为贝克曼温度计中 a 到 b 一段所相当的温度。一般情况下，R 约为 2℃，准确的 R 值可由以下方法测出：将贝克曼温度计和普通温度计同时插入盛水的烧杯中，加热水浴，使贝克曼温度计中的水银逐渐上升，通过普通温度计读出 a 到 b 段所相当的温度差，便是 R 值。

待贝克曼温度计在温度为 T（单位为℃）的水浴中达到平衡后，用右手握住温度计中部，将其从水浴中取出，立即用左手沿温度计的轴向轻敲右手的手腕，使水银在 b 点处断开（注意：在 b 点处不得留有水银）。这样就使得体系的起始温度（T_0）正好在贝克曼温度计的 1℃附近，若不在 1℃附近，则应重新调整。

例如，测定苯的凝点的降低值。纯苯 $T_0=5.51$℃，$R=2.5$℃，则

$$T=5.51+2.5+1=9.01(℃)$$

将贝克曼温度计悬于 9℃左右的水中，按前述方法进行调整，调节后的温度计悬于 5.51℃的苯中时，水银面恰好在 1℃附近。

若是上升式贝克曼温度计，水银量的调节方法同上，在 T_0 温度时，调整后的温度计水银面应在 4℃附近。

调好后的贝克曼温度计应注意不要倒置，最好将其插在冰水溶液中，以免毛细管中的水银与水银储槽中的水银相连。

2. 读数

读数时，贝克曼温度计必须垂直放置，而且水银球应全部浸入所测温度的体系中。因为毛细管中的水银面上升或下降时有黏滞现象，所以读数前必须先用手指轻敲水银面处，消除黏滞现象后用放大镜读取数值。读数时应注意，眼睛要与水银面平齐。

【思考与练习】

一、填空题

1. 物质的凝点是指液体在________过程中由________转变为固态时的相变温度。

2. 冰的熔点是________，水的凝点是________，在一定压强下，晶体物质的凝点与其________相同。

二、选择题

1. 当某种晶体正好处于凝点温度时，这种晶体（　　）。

A. 一定是固态　　B. 一定是液态

C. 一定是固液共存　　D. 可能是固液共存

2. 冬天下雨，路面湿滑，为了减轻路面结冰现象，常常在路面上撒盐，这是因为（　　）。

A. 盐能从雪中吸热　　B. 盐使水的凝点降低

C. 盐使水的凝点升高　　D. 盐能与水发生化学反应

三、简答题

1. 在晶体凝固过程中，温度为什么不发生变化？

2. 测定凝点时，为什么要使用外套管？

任务九　结晶点的测定

【任务描述】

结晶点是化工产品的物理性能之一。在实际工作中，通过测定液体有机化合物的结晶点，可以鉴别有机化合物的纯度。本任务以测定液体有机物的结晶点为载体，详细介绍常见的油品结晶点的测定原理和方法，帮助小李完成药品原料——苯酚的纯度检测。

【任务目标】

知识目标

- 认识结晶点的定义及测定意义；
- 了解结晶点的测定原理及方法。

技能目标

- 掌握双套管原理和操作方法；
- 掌握结晶点的测量过程，能熟练、准确地测量油品的结晶点；
- 会撰写油品的结晶点检测报告。

素质目标

- 培养实事求是、耐心细致的科学态度；
- 培养团结协作、精益求精的职业操守；
- 培养遵章守纪、安全环保的行为习惯。

知识准备

一、结晶点的定义

油品出现浊点后，继续冷却，直到油中呈现出肉眼能看得见的晶体，此时的温度就是油品的结晶点，一般用摄氏温度(℃)表示。其中，油类等液体样品在标准状态下冷却至开始出现混浊的温度为其浊点。

二、结晶点的测定意义

测定结晶点可以判断物质的纯度。在有机化学领域中，纯的固体物质一般有固定的结晶点，如果化合物中含有杂质，那么结晶点就会降低，结晶点范围也会增大。由此可见，结晶点的测定是判定有机化合物纯度的重要手段之一，是衡量产品质量极其重要的技术指标。

【知识窗】

结晶是热的饱和溶液冷却后，溶质因溶解度降低导致溶液过饱和，从而溶质以晶体的形式析出的过程。结晶的常用方法分为以下3种。

(1) 蒸发结晶。蒸发结晶是指通过升温的方式使溶液中的溶剂脱离溶质的过程，是溶质聚合变为固体(晶体)的过程。加热蒸发溶剂,使溶液由不饱和变为饱和,继续蒸发,过剩的溶质就会呈晶体析出。

(2) 冷却结晶。冷却结晶是给饱和溶液结晶的一种方法。

(3) 重结晶。将晶体溶于溶剂或熔融以后,又重新从溶液或熔体中结晶的过程,又称再结晶。

三、结晶点的测定方法

结晶点的测定方法有双套管法、茹科夫瓶法及结晶自动测定仪法。本任务主要介绍双套管法。

1. 双套管法测定原理

冷却液态样品,当液体中有结晶(固体)析出时,体系中固体、液体共存,两相成平衡,温度保持不变。在规定的实验条件下,观察液态样品在结晶过程中温度的变化,就可以测出其结晶点。

双套管法是测定结晶点的最基本方法。该方法采用结晶管和套管准成的双套管装置测定,记录油品结晶过程中温度的变化,从而得出油品的结晶点。此方法适用于结晶点在－7～＋70℃范围内的有机试剂的结晶点的测定。

2. 双套管法测定仪器

双套管。

3. 双套管法测定方法

(1) 测定前先安装好双套管装置,如图 9-1 所示。

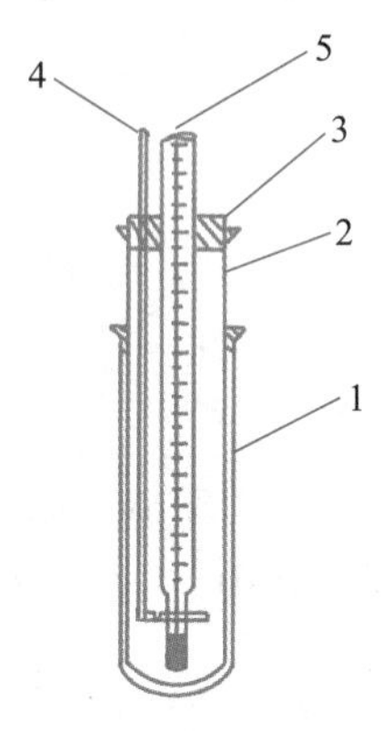

图 9-1　双套管装置

1—套管;2—结晶管;3—胶塞;4—搅拌器;5—测量温度计

① 插入搅拌器。

② 安装测量所需的温度计。温度计的水银球需保持在距离结晶管底部上方 15mm 左右的位置。

③ 安装套管。套管的底部保持在距离结晶管底部上方 2mm 左右的位置。

④ 准备冷却浴。在烧杯中加入适量的水,并加入碎冰(保持水温在 0℃),使得结晶管中的样品可以完全浸没在冷却浴中。

【知识窗】

冷却浴通过调配液态混合物的冷却剂来提供和维持低温环境，冷却浴所能提供的温度范围通常为13～196℃。它常被用于需要在低于室温下进行的反应和实验处理操作，通常这些反应和处理操作是放热的或是会涉及热不稳定的中间体或产物。冷却浴所用的冷却剂包括干冰、液氮和碎冰块。

(2) 粗略测量。

将结晶管和套管一同放入事先准备好的冷却浴中，上下移动搅拌器，进行搅拌冷却，直到样品出现结晶，停止搅拌，读取并记录此时温度计的数值，即为待测样品的结晶点预估值。

(3) 精准测量。

① 另取一支结晶管，按前述同样的方法安装，将辅助温度计安装于内标式温度计上(图9-2)，使其水银球位于内标式温度计的水银柱外露段的中部。

② 如图9-3所示，将结晶管与套管置于冷却浴中，静置一段时间，开始搅拌，并观察温度。出现结晶时，停止搅拌，此时温度会突然上升，当温度保持在最高温度不变时，读取此温度(精确到0.1℃)，进行温度计的刻度温差校正，记录所得温度，即为所测样品的结晶点。

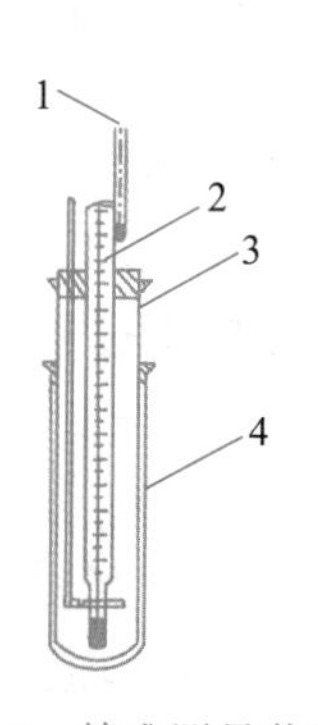

图9-2　精准测量装置1

1—辅助温度计；2—测量温度计；3—结晶管；4—套管

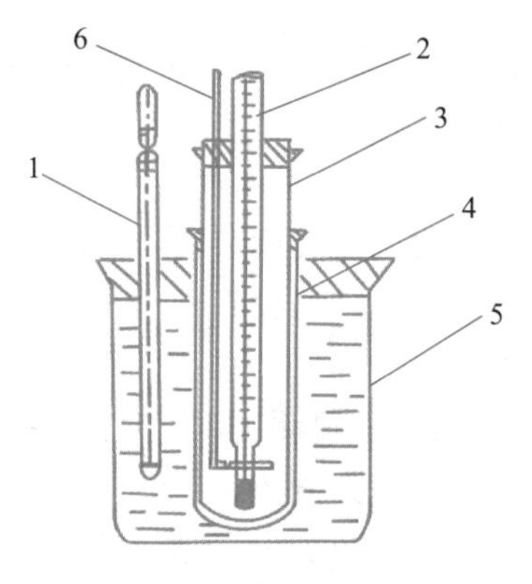

图9-3　精准测量装置2

1—温度计；2—测量温度计；3—结晶管；4—套管；5—烧杯；6—搅拌器

情景模拟

药厂需要对生产的阿司匹林药片的质量进行考核检测，质检员小李负责对药片的其中一种原料——苯酚的纯度进行检测。在查阅大量资料并结合药厂实际情况后，小李决定测定苯酚的结晶点，通过测得的结晶点和纯苯酚的实际结晶点做对比，判断苯酚的纯度。那么样品的结晶点应该通过什么方法来测定呢？下面一起来学习结晶点的测定。

【知识窗】

苯酚是一种有机化合物，化学式为C_6H_5OH，是具有特殊气味的无色针状晶体，有毒，是生产某些树脂、杀菌剂、防腐剂及药物的重要原料，可吸收空气中的水分并液化，有特殊臭味，极稀的溶液有甜味，腐蚀性极强，化学反应能力强。苯酚在通常温度下是固体，广泛用于制造酚醛树脂、环氧树脂、锦纶纤维、增塑剂、显影剂、防腐剂、杀虫剂、杀菌剂、染料、医药、香料和炸药等。

任务实施

1. 实验用品

(1) 主要仪器:结晶管、套管、冷却浴、内标式温度计、辅助温度计、搅拌器。

(2) 主要样品:氯化钠、苯酚。

2. 操作步骤

(1) 加样品于干燥的结晶管中,使样品在管中的高度约为60mm(固体样品应适当大于60mm)。

微课:双套管法测定苯酚结晶点

(2) 插入搅拌器,装好温度计,使水银球至管底的距离约为15mm,勿使温度计接触管壁。装好套管,并将结晶管连同套管一起置于温度低于样品结晶点5～7℃的冷却浴中。

(3) 当样品冷却至低于结晶点3～5℃时开始搅拌并观察温度。

(4) 出现结晶时,停止搅拌,这时温度突然上升,读取最高温度,准确至0.1℃,并进行温度计刻度误差校正,所得温度即为样品的结晶点。

3. 数据记录与处理

为确保结晶点的测定准确,将温度计的直接读数和温度计水银柱外露段进行校正。

1) 温度计的温度校正

(1) 将测定温度计和标准温度计的水银球对齐并列放入同一热浴中。

(2) 缓慢升温,每隔一定读数同时记录两支温度计的数值,作出升温校正曲线。

(3) 缓慢降温,制得降温校正曲线。若两条曲线重合,则说明校正过程正确,此曲线即为温度计校正曲线。

(4) 在曲线上可以查得测定温度计的温度校正值ΔT_1。

2) 温度计水银柱外露段校正

在测定结晶点时,露在载热体表面上的一段水银柱,由于受空气冷却影响,所示出的数值一定比实际应该具有的数值低。这种由温度计水银柱外露段所引起的误差的校正值可用式(9-1)计算。

$$\Delta T_2=0.00016(T_1-T_2)h \tag{9-1}$$

3) 校正后的结晶点

校正后的结晶点T为

$$T=T_1+\Delta T_1+\Delta T_2 \tag{9-2}$$

式中,T——校正后的结晶点,℃;

T_1——精密温度计读数,℃;

ΔT_1——校正后的温度计数值,℃;

ΔT_2——校正后的温度计外露段数值,℃;

h——温度计水银柱外露段高度;

0.00016——温度计中玻璃与水银的膨胀系数差。

将测定数据与处理结果记录于表9-1中。

4. 注意事项

(1) 在安装实验仪器时,会使用水银温度计,注意避免打碎温度计,而使水银泄漏。

表 9-1　双套管法测定苯酚样品的结晶点数据记录与处理

样品名称		测定项目		测定方法	
测定时间		环境温度		小组成员	
测定次数		1	2	3	
测量值 T_1/℃					
温度计水银柱外露段高度 h（以温度差值表示）/℃					
辅助温度计温度 T_2/℃					
温度计的温度校正值 ΔT_1/℃					
温度计水银柱外露段校正值 ΔT_2/℃					
结晶点 T/℃					
结晶点平均值/℃					

（2）冷却样品时无须搅拌，待温度自然冷却到结晶点以下 3～5℃时，再搅拌冷却。

（3）如果结晶出现后无温度回升或回升的温度超过 1～2℃，则需要进行重新测定。

（4）取值要在数值比较稳定时，否则取得的数值会存在较大的误差。

（5）采取措施，确保 HSE 要求落实到位。

（6）按时完成任务工单，及时考核、评价测定的完成情况。

任务工单

结晶点的测定任务工单如表 9-2 所示。

表 9-2　结晶点的测定任务工单

任务名称	结晶点的测定			任务学时	
实训班级		学生姓名		学生学号	
组别		小组成员			
实训场地		实训日期		任务成绩	
任务目的					
任务描述					
主要仪器					
主要试剂					
计划决策					

续表

任务实施	1. 原理描述： 2. 过程概述： 3. 数据记录： 4. 数据处理： 5. 实验结果与讨论：
任务总结	

任务评价

结晶点的测定任务评价表如表 9-3 所示。

表 9-3　结晶点的测定任务评价表

评价项目		评价标准	配分	评价		
				自评	互评	师评
知识与技能(70%)		能阐述结晶点的测定方法及原理	15			
		能正确使用仪器	15			
		能按步骤进行实验操作	20			
		正确记录数据，并对数据进行处理	20			
工作过程(30%)	工作态度	态度端正，积极参与学习活动，无无故缺勤、迟到、早退现象	10			
	协调能力	能与小组成员、同学间合作交流、协调工作，促进任务完成	10			
	职业素质	能识别危险因素，排除安全隐患，做到遵规守纪、安全文明、灵活应用、认真仔细、规范操作、实事求是、爱护仪器、有节约意识	10			
合计			100			
综合得分(自评分×30%＋互评分×20%＋师评分×50%)：						
学习体会： 教师签字：						

【知识拓展】

全自动苯结晶点测定仪

全自动苯结晶点测定仪如图 9-4 所示，型号为 MHY-R2100AMHY-R2100A，符合国家标准《苯结晶点测定法》(GB 3145—1982)的规定，适用于 0～10℃范围的苯结晶点的测定。

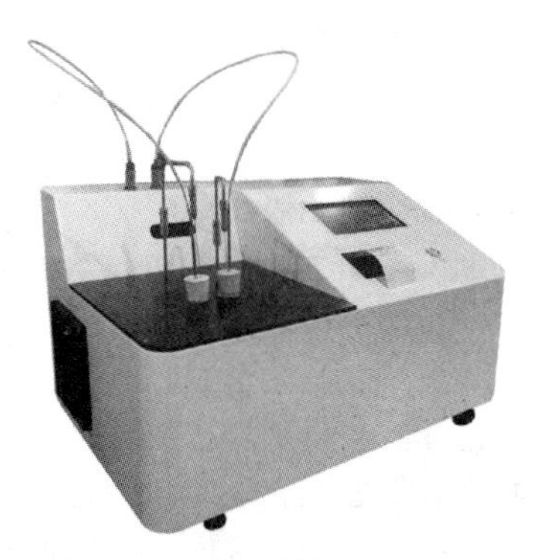

图 9-4　全自动苯结晶点测定仪

该测定仪采用混体信号 ISP Flash 微控制器，整个测定过程除样品加注外自动进行。真彩触摸屏可使操作更加方便、清晰、直观。

主要技术参数如下。

适用标准：GB 3145—1982。

控制方式：浴体温度、试样温度、试样搅拌、结果采集、结果打印全部采用微计算机全自动控制。

做样温度：(0～10)±0.1℃。

制冷方式：半导体制冷。

试样检测温度分辨率：0.01℃。

试样搅拌方式：电动机机械搅拌。

做样单元：双样工作。

电源：AC 220×(1±10%)V，50Hz。

整机功率：1kW。

工作环境：相对湿度<80%，温度为 0～45℃。

【思考与练习】

简答题

1. 什么是结晶点？常用的结晶点测定方法有哪几种？
2. 用双套管法测量有机溶液的结晶点，其温度范围是多少？
3. 简述双套管法测定结晶点的原理。
4. 冷却浴所用的冷却剂有哪些？
5. 为什么可以通过测结晶点来判断物质的纯度？

参考文献

[1] 马彦峰,曾莉．物理常数测定技术[M]. 北京:化学工业出版社,2016.

[2] 朱文,肖开恩,陈红军．有机化学实验[M].2版．北京:化学工业出版社,2021.

[3] 单尚,强根荣,金红卫．新编基础化学实验(Ⅱ):有机化学实验[M].2版．北京:化学工业出版社,2014.

[4] 谷春秀．物理常数测定[M]. 北京:化学工业出版社,2012.

[5] 北京大学化学与分子工程学院有机化学研究所．有机化学实验[M].3版．北京:北京大学出版社,2015.

[6] 刘湘,刘士荣．有机化学实验[M].2版．北京:化学工业出版社,2013.

[7] 赵剑英,胡艳芳,孙桂滨,等．有机化学实验[M].2版．北京:化学工业出版社,2015.

[8] 王玉良,陈华．有机化学实验[M].2版．北京:化学工业出版社．2014.

[9] 全国化学标准化技术委员会．工业用挥发性有机液体　沸程的测定:GB/T 7534—2004[S]. 北京:中国标准出版社,2004.

[10] 全国化学标准化技术委员会．化学试剂沸程测定通用方法:GB/T 615—2006[S]. 北京:中国标准出版社,2007.

[11] 全国化学标准化技术委员会化学试剂分技术委员会．化学试剂　折光率测定通用方法:GB/T 614—2021[S]. 北京:中国标准出版社,2021.